現場で使える!

TensorFlow(テンソルフロー)開発入門

Keras(ケラス)による深層学習モデル構築手法

太田満久、須藤広大、黒澤匠雅、小田大輔 著

本書内容に関するお問い合わせについて

本書に関するご質問、正誤表については、下記のWebサイトをご参照ください。

正誤表　http://www.shoeisha.co.jp/book/errata/
出版物Q&A　http://www.shoeisha.co.jp/book/qa/

インターネットをご利用でない場合は、FAXまたは郵便で、下記にお問い合わせください。

〒160-0006　東京都新宿区舟町5
㈱翔泳社 愛読者サービスセンター
FAX番号：03-5362-3818
電話でのご質問は、お受けしておりません。

※本書に記載されたURL等は予告なく変更される場合があります。

※本書の出版にあたっては正確な記述につとめましたが、著者や出版社などのいずれも、本書の内容に対してなんらかの保証をするものではなく、内容やサンプルに基づくいかなる運用結果に関してもいっさいの責任を負いません。

※本書に掲載されているサンプルプログラムやスクリプト、および実行結果を記した画面イメージなどは、特定の設定に基づいた環境にて再現される一例です。

※本書の内容は、2018年 3月執筆時点のものです。

PREFACE

はじめに

本書の目的は、深層学習による画像処理を「体験」していただくことです。深層学習ブームで理論的な部分を丁寧に解説した書籍は多く出ています。深層学習を使いこなすには、理論をしっかりと学ぶことはとても大事ですし、避けて通れません。

しかし、「深層学習でこんなことができるんだ」「まだまだこの程度なのか」「こんなにデータが必要なのか」「パラメータの調整がこんなに大変なのか」といった感覚を早い段階でつかんでもらうのも、大事なことではないかと考えています。

エンジニアらしくまずは触って動かしてみて、自分なりにカスタマイズしてみてから基礎理論を学ぶのも、進め方の1つとしては悪くないでしょう。

本書は大きく分けて2部構成になっています。

第1部では、深層学習とTensorFlow、Kerasの基礎について解説し、第2部では画像処理における応用的なモデルのKerasを使った実装方法を解説しています。第1部は、決して網羅的な解説とはなっていません。あくまで、第2部では、深層学習を「体験」していただくのに必要な知識に絞って解説しています。第2部では「ノイズ除去」「自動着色」「超解像」「画風変換」「画像生成」を取り上げていますが、すべてがAutoencoderと呼ばれる構造を発展させたモデルとなっています。そのためどのモデルもネットワークの構造自体はよく似ていることがわかるかと思います。1つの構造で、これほど多くのタスクに対応できるのは深層学習の面白みの1つかと思いますし、「アイデア次第でもっといろいろなことができそうだ」という感覚をつかんでいただければ幸いです。

また、サンプルコードとデータはすべてJupyter Notebook形式で、翔泳社のダウンロードサイトからダウンロードできます。ぜひとも動かして、深層学習を体験してください。

2018年3月吉日

太田満久、須藤広大、黒澤匠雅、小田大輔

INTRODUCTION 本書の対象読者と構成について

本書の対象と構成について

本書は、TensorFlowを利用した深層学習モデルについて解説した入門書です。TensorFlowの導入から、高レベルAPIであるKerasを利用した実践的な深層学習モデルの構築まで解説します。

対象読者

深層学習に入門したいエンジニアの方を対象としています。極力数式を使わずに解説を行っているため、高校レベルの数学の知識があれば読み進めることができます。

構成

基本編では環境構築からはじまり、深層学習とTensorFlow、Kerasの基礎について学びます。応用編ではKerasを用いて画像処理における応用的な深層学習モデルの構築に挑戦します。

TensorFlowやKerasの機能面を押さえつつ、現場で使用できるような実践的な深層学習モデルまでフォローしています。

第1部 基本編	第1章	機械学習ライブラリTensorFlowとKeras
	第2章	開発環境を構築する
	第3章	簡単なサンプルで学ぶTensorFlowの基本
	第4章	ニューラルネットワークとKeras
	第5章	KerasによるCNNの実装
	第6章	学習済みモデルの活用
	第7章	よく使うKerasの機能
第2部 応用編	第8章	CAEを使ったノイズ除去
	第9章	自動着色
	第10章	超解像
	第11章	画風変換
	第12章	画像生成

本書のサンプルの動作環境とサンプルプログラム・補足資料について

本書のサンプルの動作環境

本書の各章のサンプルは以下の環境で、問題なく動作することを確認しています。

第2部のサンプルを実行するにはGPUが必須です。TensorFlow-GPUのインストール方法等は本書のサンプルプログラムに付属する補足資料で確認してください。

第1部

OS：Windows 10
CPU：Intel Core i5 3.00GHz、4コア
メモリ：8GB
GPU：なし
Python：3.5.4/3.5.5
Anaconda：5.0.1
TensorFlow：1.5.0

第2部

OS：Ubuntu 16.04.4 LTS
CPU：Intel Xeon E5-1650 v4 3.60GH、6コア
メモリ：64GB
GPU：GeForce GTX1080Ti
Python：3.5.4/3.5.5
TensorFlow-GPU：1.5.0

サンプルプログラム・補足資料のダウンロード先

本書で使用するサンプルプログラム（画像データも含む）・補足資料は、下記のサイトにまとめました。適時必要なファイルをダウンロードしてお使いください。

・サンプルプログラム・補足資料のダウンロードサイト
URL http://www.shoeisha.co.jp/book/download/9784798154121

特典ファイルのダウンロード先

本書の特典ファイルは、下記のサイトからダウンロードできます。

・サンプルプログラムのダウンロードサイト
URL http://www.shoeisha.co.jp/book/present/9784798154121

免責事項について

サンプルプログラムは、通常の運用において何ら問題ないことを編集部および著者は認識していますが、運用の結果、万一いかなる損害が発生したとしても、著者および株式会社翔泳社はいかなる責任も負いません。すべて自己責任においてお使いください。

2018年3月
株式会社翔泳社　編集部

CONTENTS

Chapter 3 簡単なサンプルで学ぶTensorFlowの基本 053

Chapter 4 ニューラルネットワークとKeras 085

Chapter 5 KerasによるCNNの実装 105

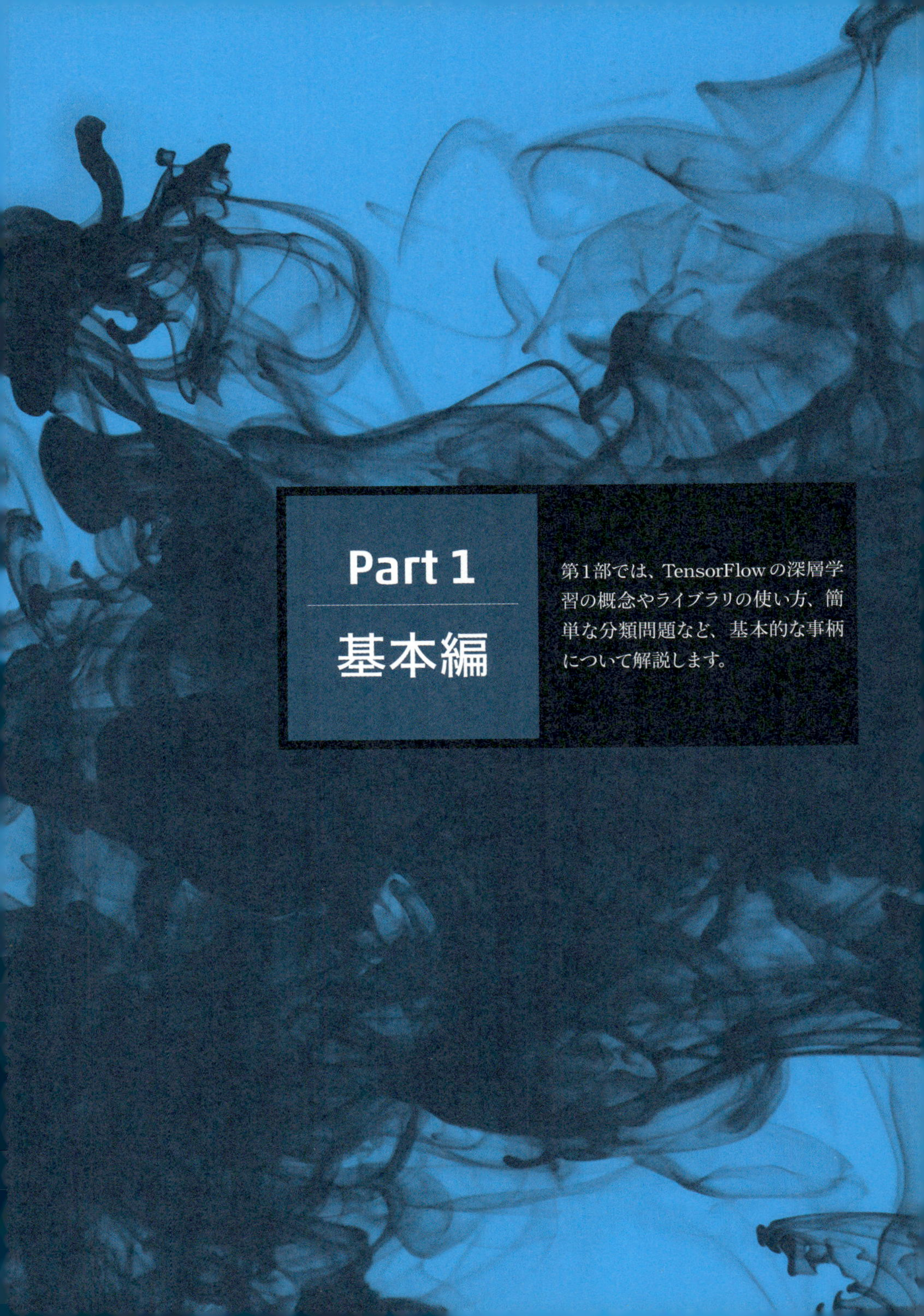

Part 1

基本編

第1部では、TensorFlowの深層学習の概念やライブラリの使い方、簡単な分類問題など、基本的な事柄について解説します。

CHAPTER 1

機械学習ライブラリ TensorFlowとKeras

本章ではOSS（オープンソースソフトウェア）の機械学習ライブラリである、TensorFlow（テンソルフロー）とKeras（ケラス）について概説します。

1.1 TensorFlowと深層学習

本節では、本書のテーマである「TensorFlow」と、その主要な応用先である深層学習について簡単に説明します。

1 2 3 4 5 6 7 8 9 10 11 12
機械学習ライブラリTensorFlowとKeras

1.1.1 TensorFlowとは

TensorFlowは、Googleが中心となって開発しているOSS（オープンソースソフトウェア）の機械学習ライブラリです。元々はGoogle内部で利用するためにGoogle Brainチーム（図1.1）によって開発されたものです。

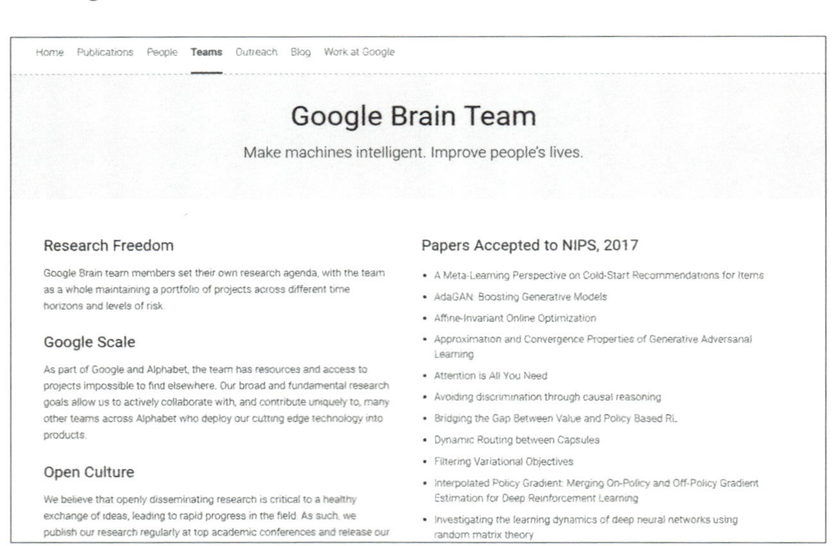

図1.1 「Google Brain Team」の概要

出典 「Google Brain Team」
URL https://research.google.com/teams/brain/

Google Brainは、MapReduce MEMO参照 やBigtable MEMO参照 の生みの親でもあるJeff Deanらが2011年に立ち上げた、Googleの社内の大規模機械学習の研究プロジェクトです。その成果は、Google検索のランキング、Googleフォトの画像分類、音声認識など、2012年頃から実際の商用サービスで利用されていると言われています。

そのような背景から、TensorFlowが2015年11月に公開された際には、「Googleが社内プロダクトでも利用しているライブラリ」という触れ込みで、とても話題になりました。

MEMO

MapReduce

Googleによって提唱された、分散処理におけるプログラミングモデル。データ処理をMap処理とReduce処理という2つのステップの組み合わせとして表現することで、分散処理を容易にしている。有名なHadoopもMapReduceのプログラミングモデルを採用している。

MEMO

Bigtable

Googleの社内で使われている高機能な分散データストレージ。2015年にはGoogle Cloud Bigtableというクラウドサービスとして利用できるようになった。

1.1.2　深層学習とは

深層学習は、人間の脳の「ニューロン」を模したニューラルネットワークを何層にも重ねて大規模にした機械学習の一手法です。

2012年のILSVRC（ImageNet Large Scale Visual Recognition Challenge）という画像認識のコンペティションで、深層学習を採用したAlex Krizhevskyのチームが、他のチームに圧倒的な大差をつけて勝利しました。また、同じ年に「Googleが深層学習によって教師データなしに猫の概念を自動的に学習した」というニュースが話題になったことを覚えている方も多いかと思います。深層学習自体は2006年にHintonらが提案した手法ですが、2012年に起こったこれらの成果が現在の深層学習・人工知能ブームにつながっています。

- **Using large-scale brain simulations for machine learning and A.I.**
  URL https://googleblog.blogspot.jp/2012/06/using-large-scale-brain-simulations-for.html

1.2 深層学習でできること

非常に注目を浴びている深層学習ですが、具体的にどのようなことができるようになったのでしょうか？　TensorFlowの紹介に入る前に、深層学習でできるようになってきたことを分野別に見てみましょう。

1.2.1 画像処理

画像分類

2012年にILSVRCで注目を浴びたのが、深層学習による画像分類です（図1.2）。画像分類とは、画像に写っているものを推定するタスクのことです。例えば「この写真に写っているのは0～9のどの数字か」「この顔写真は男性か女性か」といったことを判別させます。

ILSVRCでは、「flamingo（フラミンゴ）」や「gondola（ゴンドラ）」といった1000クラスで分類を行い、その精度が競われました。

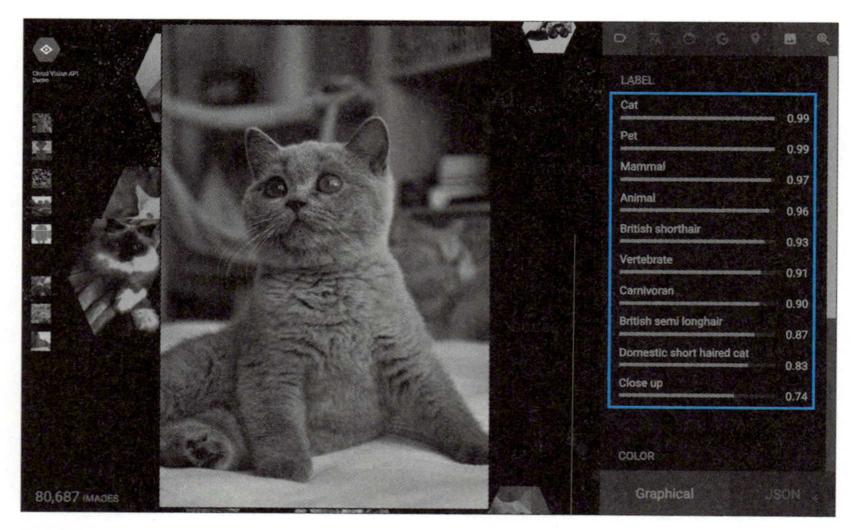

図1.2 画像分類の例。猫の写真に対して「Cat」や「Pet」のラベルが付与されている

出典 Google Cloud Platform Japan Blog
URL https://cloudplatform-jp.googleblog.com/2016/05/cloud-vision-api.html

画像分類は、いわゆる「教師あり学習」MEMO参照と呼ばれるもので、一般的には事前に大量の画像と正解データが必要になります。ILSVRCでは約1000万枚ものデータを用いています。

画像の収集は、Webスクレイピングなどの手法を利用して、半自動的に行うことが多いのですが、正解データは基本的に人の手で作らなければならず、とても骨の折れるものとなっています。そのため、「いかに少ないデータで学習するか」という研究も活発に行われており、転移学習MEMO参照や、さらに発達させたone-shot learning MEMO参照と呼ばれる手法が提案されています。本書でも**第6章**で転移学習を取り扱います。

MEMO

教師あり学習

事前に与えられた正解データを元に学習する機械学習手法。ラベルを推定する分類問題や連続値を推定する回帰問題等がある。

MEMO

転移学習

ある問題を解くために学習したモデルを流用して別の問題を解くモデルを構築する手法の一種。

MEMO

one-shot learning

ワンショット学習。1つもしくはごく少数のサンプルのみで学習する機械学習の手法の一種。

また、各種クラウドサービスが画像分類のサービスやAPIを提供していることも特徴的な点です。機能や精度の違いはあるものの、どれも画像処理に関する専門的な知識なしに使うことができるようになっています。クラウドサービスによっては、画像のアップロードと数回のクリックだけでオリジナルのモデルを構築することができるので、自前の凝った深層学習モデルを構築する前に試してみるとよいでしょう（表1.1）。

表1.1 各種クラウドサービスの画像処理API

クラウドサービス	画像処理API	URL
Google Cloud Platform	Cloud Vision API	https://cloud.google.com/vision/
Microsoft Azure	Computer Vision API	https://azure.microsoft.com/ja-jp/services/cognitive-services/computer-vision/
Amazon AWS	Amazon Rekognition	https://aws.amazon.com/jp/rekognition/
IBM Cloud	Visual Recognition	https://www.ibm.com/watson/jp-ja/developercloud/visual-recognition.html

物体検出

画像分類では、原則1枚の画像に1つの物体が写っており、「それが何であるか」を推定しましたが、1枚の画像に1つ以上の物体が写っており、「何」が、「どこ」にあるのかを推定するのが、物体検出です（図1.3）。

図1.3 物体検出の例

出典 「SSD: Single Shot MultiBox Detector」（Wei Liu, Dragomir Anguelov, Dumitru Erhan, Christian Szegedy, Scott Reed, Cheng-Yang Fu, Alexander C. Berg, 2016）、Fig. 5より引用

URL https://arxiv.org/pdf/1512.02325.pdf

物体検出についても、各種クラウドサービスでAPIが公開されています。また、最新の研究成果がTensorflow Object Detection API（図1.4）として、利用可能になっており、データを準備すれば手軽に物体検出を体験することができます。

Tensorflow Object Detection API

Creating accurate machine learning models capable of localizing and identifying multiple objects in a single image remains a core challenge in computer vision. The TensorFlow Object Detection API is an open source framework built on top of TensorFlow that makes it easy to construct, train and deploy object detection models. At Google we've certainly found this codebase to be useful for our computer vision needs, and we hope that you will as well.

図1.4 Tensorflow Object Detection API

出典 「Tensorflow Object Detection API」
URL https://github.com/tensorflow/models/tree/master/research/object_detection

セグメンテーション

物体検出と似ているのですが、物体を囲む矩形領域ではなく、ピクセル単位で推定するのが「セグメンテーション」です。図1.5を見ていただければわかるように、画像を物体ごとに分割していると解釈することもできるため、このように呼ばれています。

ピクセル単位と聞くと、「矩形を予測すればよい、物体検出の上位の技術」と思われるかもしれませんが、必ずしもそういうわけではありません。例えば、物体の数を数えたい場合は、セグメンテーションでは重なった物体を区別できなくなってしまうため、うまく数えることができません。問題に合った手法を選択する必要があります。

図1.5 セグメンテーションの例

出典 「COCO 2017 Detection Challenge」より引用
URL http://cocodataset.org/#detections-challenge2017

画像変換・画風変換

少し毛色の違った研究としては、ある画像を別の画像に変換するアルゴリズムも研究されています（図1.6）。例えば、風景写真をあたかも画家が描いた絵のように変換できる「画風変換」もその1つです。

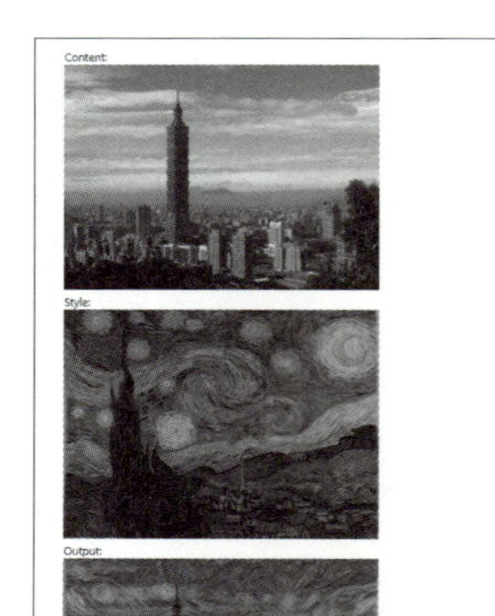

図1.6 ゴッホの絵画と画風変換

出典 「NeuralArt」（Mark Chang、2016）より引用
URL https://github.com/ckmarkoh/neuralart_tensorflow

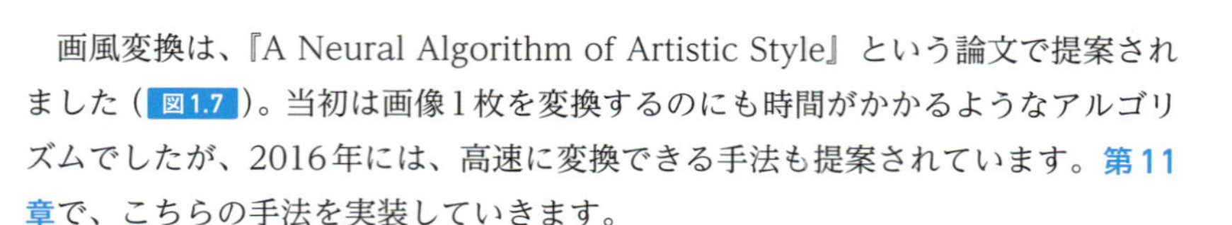

画風変換は、『A Neural Algorithm of Artistic Style』という論文で提案されました（図1.7）。当初は画像1枚を変換するのにも時間がかかるようなアルゴリズムでしたが、2016年には、高速に変換できる手法も提案されています。第11章で、こちらの手法を実装していきます。

画風変換以外の画像変換手法についても、様々な研究がされています。最近では「pix2pix」と呼ばれる手法を使って線画から写真を生成（図1.8）したり、「Cycle GAN」と呼ばれる手法を使って夏の景色から冬の景色を生成（図1.9）

することもできるようになってきており、その目新しさや精度から、注目を集めています。

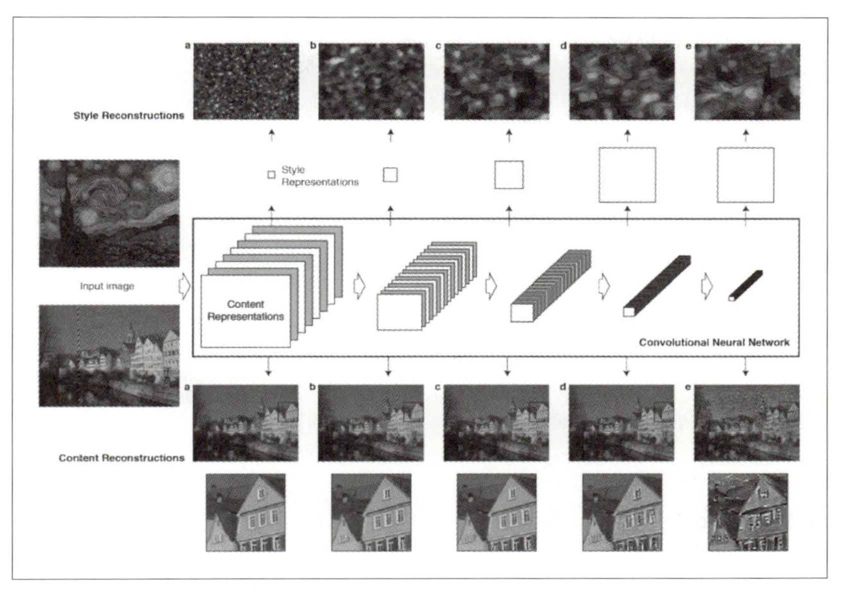

図1.7 A Neural Algorithm of Artistic Style

出典 「A Neural Algorithm of Artistic Style」(Leon A. Gatys, Alexander S. Ecker, Matthias Bethge, 2015)、Figure 1より引用

URL https://arxiv.org/pdf/1508.06576.pdf

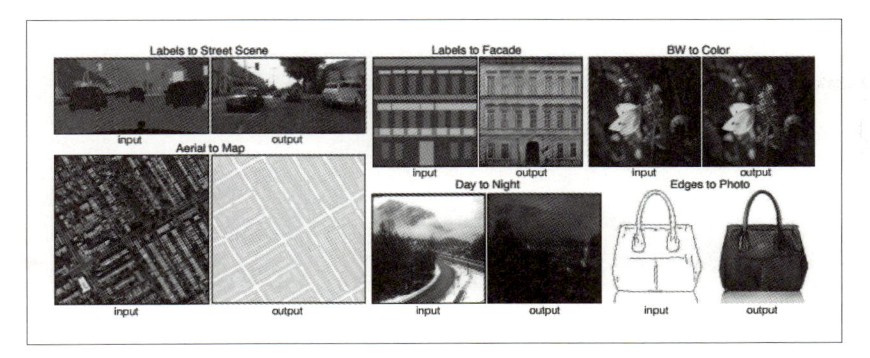

図1.8 pix2pixの例

出典 「Image-to-Image Translation with Conditional Adversarial Networks」(Phillip Isola, Jun-Yan Zhu, Tinghui Zhou, Alexei A. Efros, 2016)、Figure 1より引用

URL https://arxiv.org/pdf/1611.07004v1.pdf

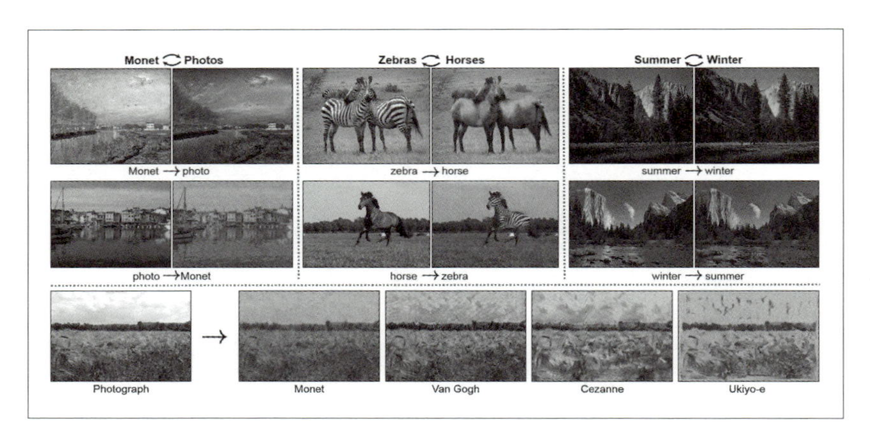

図1.9 Cycle GANの例

出典 「Unpaired Image-to-Image Translation using Cycle-Consistent Adversarial Networks」(Jun-Yan Zhu, Taesung Park, Phillip Isola, Alexei A. Efros, 2017)、Figure 1より引用

URL https://arxiv.org/pdf/1703.10593.pdf

白黒写真に自動的に着色する自動着色（図1.10）も画像変換の一種です。古い写真や映画の多くは白黒なので、そこに色を付けたいというニーズは昔からあり、彩色師と呼ばれる職人も存在していました。少し変わったところでは、大相撲の幕内優勝力士に贈呈する優勝額も、2013年頃までは白黒写真に彩色師が油絵の具で着色したものでした。深層学習を利用した自動着色は、2016年頃から

図1.10 白黒写真に自動的に着色する自動着色
（本書はモノクロ表示ですので実際の画像は下記のURLで確認してください）

出典 「Let there be Color!: Joint End-to-end Learning of Global and Local Image Priors for Automatic Image Colorization with Simultaneous Classification」(Satoshi Iizuka, Edgar Simo-Serra, Hiroshi Ishikawa, Waseda University, 2016)、Figure 1より引用

URL http://hi.cs.waseda.ac.jp/~iizuka/projects/colorization/data/colorization_sig2016.pdf

研究されており、現在では一部の企業の実サービスでも利用されています。自動着色については、第9章で取り上げます。

超解像

低解像画像から高解像画像を生成する超解像も深層学習で実現できます。2015年にwaifu2x（図1.11）というWebサービスが話題になったことを覚えている方も多いと思います。

超解像も画像変換の一種ですが、入力画像と出力画像のサイズが異なるという特徴があります。実は超解像技術自体は以前から様々な研究がされていた分野ですが、深層学習によって「身近になってきた」と言えるでしょう。

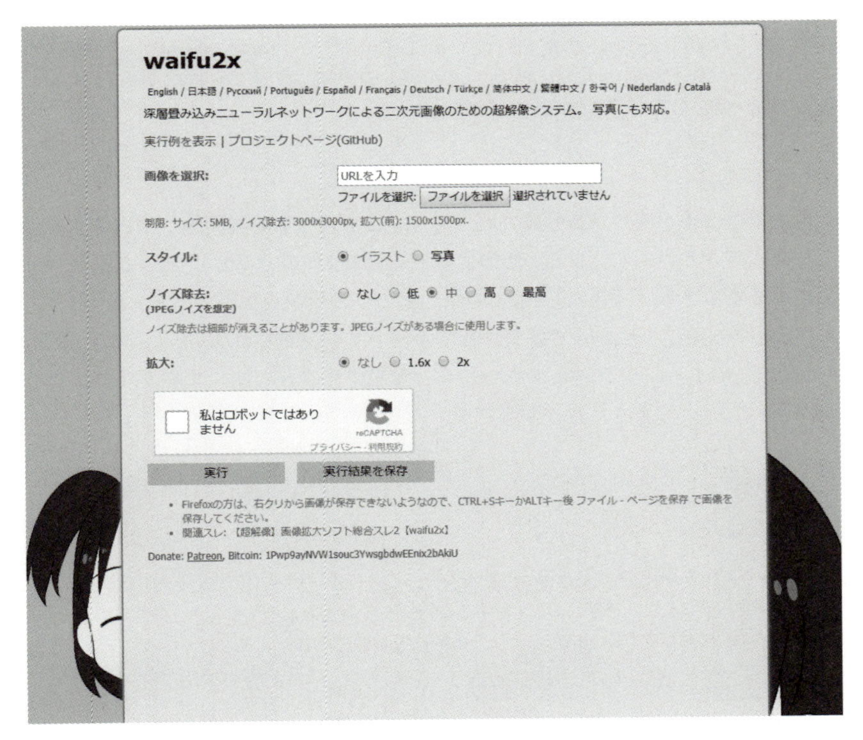

図1.11 waifu2x

出典 waifu2x
URL http://waifu2x.udp.jp/

超解像についても様々な手法が提案されていますが、第10章ではそのベースとなった手法を紹介します。

画像生成

画風変換や超解像において入力データは画像でしたが、ランダムな数値やテキストなど、画像以外のデータから画像を生成する研究も進められています。

図1.12 はGAN MEMO参照 と呼ばれる手法を用いて生成したベッドルームです。一見すると写真のようですが、細部を見ると様々な矛盾が見つかるため、実写でないことがわかります。

MEMO

GAN

Generative Adversarial Network（敵対的生成ネットワーク）の略。訓練データを学習し、そのデータと似たような新しいデータを生成する「生成モデル」の一種。Ian Goodfellowによって提案され、Yann LeCunは"The most interesting idea in the last 10 years in ML, in my opinion."（機械学習分野において、この10年で最も面白いアイデアである）と述べている。

現在では改善手法も多数発表されており、さらにリアルな画像が生成できるようになってきています。また、画像変換・画風変換の項で紹介した、「線画から写真を生成するアルゴリズム」や「夏の景色から冬の景色を生成するアルゴリズム」も、GANを発展させる形で提案された手法です。文章や時系列データの生成にGANを利用する研究も進められており、画像生成にとどまらず様々なタスクで利用されていく可能性のある技術です。

MEMO

DCGAN

Deep Convolutional Generative Adversarial Networks（深層畳み込み敵対的生成ネットワーク）の略。GANの中でも特に多段の畳み込みネットワークを利用しているものを指す。DCGANにより、高解像な画像の生成が可能になった。

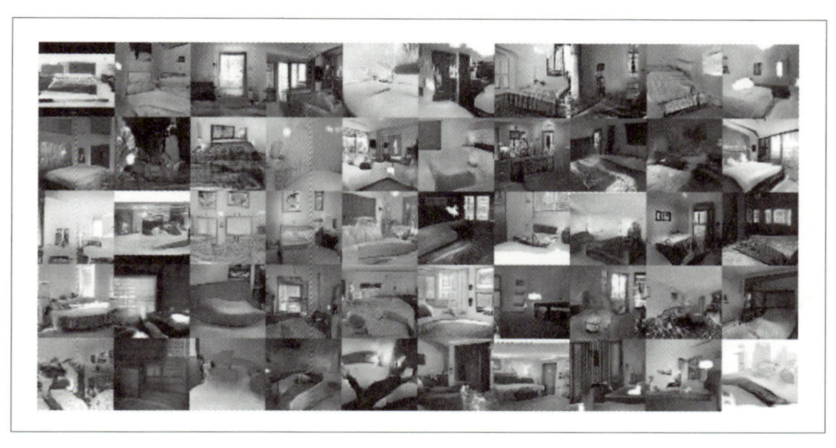

図1.12 DCGAN MEMO参照 によるベッドルームの生成

出典 「Unsupervised Representation Learning with Deep Convolutional Generative Adversarial Networks」(Alec Radford, Luke Metz, Soumith Chintala, 2015)、Figure 3より引用
URL https://arxiv.org/pdf/1511.06434.pdf

1.2.2 自然言語処理

文書分類

文書分類は「この文書がどのカテゴリに属するか」を推定するタスクで、最も有名な応用例としては、スパムメールの自動判定が挙げられます。

文書分類は、後述の様々なタスクの基礎となるタスクなので、自然言語処理のいろいろなアルゴリズムの中で利用されています。例えば対話システムでは、ユーザーからの入力文の「意図（Intent)」を抽出する必要がありますが、そこで使われている技術も実は文書分類そのものですし、GoogleのSmart Reply（図1.13）では「Smart Replyの対象とするかどうか」に文書分類の技術が使われています。

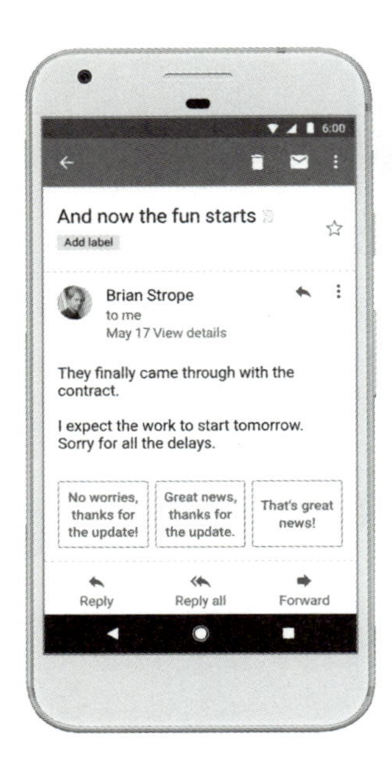

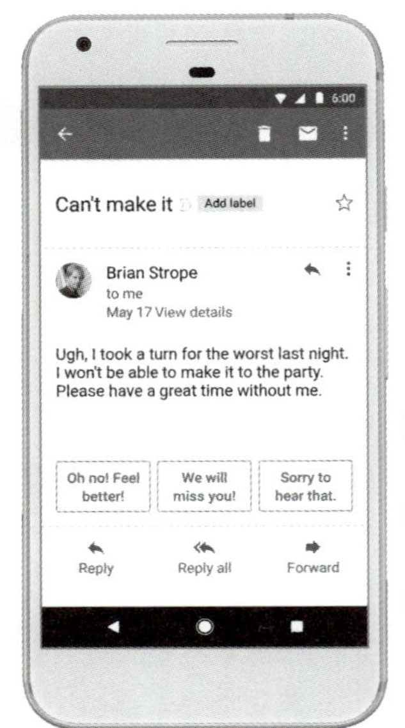

図1.13 Smart Reply

出典「Save time with Smart Reply in Gmail」

URL https://blog.google/products/gmail/save-time-with-smart-reply-in-gmail/

対話文生成

画像を生成できるようになったことと同じように、文章の生成技術も進歩しています。特に2015年の論文「A Neural Conversational Model」（図1.14）で

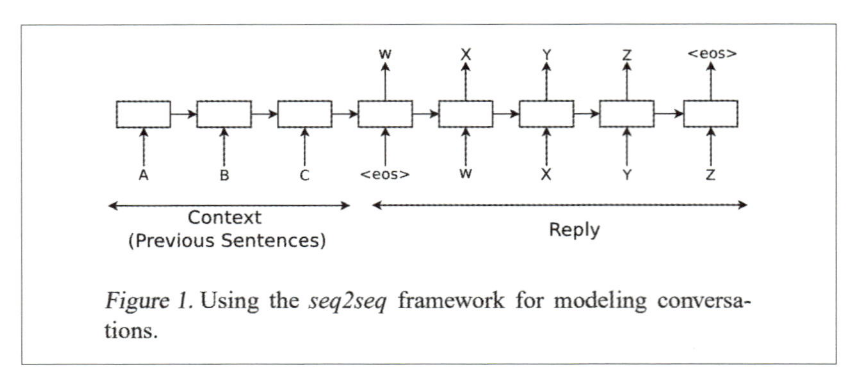

図1.14 Neural Conversational Model
この例では「ABC」という入力文から「WXYZ」を生成している

出典「A Neural Conversational Model」（Oriol Vinyals, Quoc Le, 2015）、Figure 1より引用

URL https://arxiv.org/pdf/1506.05869.pdf

は、映画の字幕データやIT系のヘルプデスクのやり取りのデータを使い、自然な会話文を生成できることを示したことで、注目を集めました。

機械翻訳

機械翻訳の歴史は古く、1950年代の第1次AIブームの頃にはすでに注目の研究分野となっていました。当時はルールベースの手法でしたが、統計的な手法を経て、現在では深層学習が使われるようになってきています。

2016年11月に行われたGoogle翻訳のアップデートでは、英日翻訳の精度が劇的に改善し話題となりました。このアップデートで、翻訳のアルゴリズムが深層学習を用いた手法（GNMT：Google's Neural Machine Translation）に置き換わっていると言われています（図1.15）。GNMTの詳細は公開されていますが、ベースとなっているものは、対話文生成で用いられているものと同じです。

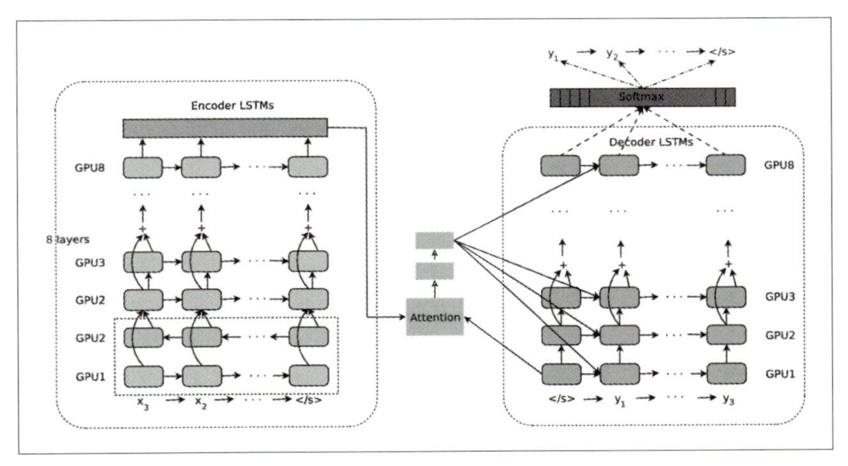

図1.15 Google’s Neural Machine Translation

出典 「Google's Neural Machine Translation System: Bridging the Gap between Human and Machine Translation」（Yonghui Wu, Mike Schuster, Zhifeng Chen, Quoc V. Le, Mohammad Norouzi, Wolfgang Macherey, Maxim Krikun, Yuan Cao, Qin Gao, Klaus Macherey, Jeff Klingner, Apurva Shah, Melvin Johnson, Xiaobing Liu, Łukasz Kaiser, Stephan Gouws, Yoshikiyo Kato, Taku Kudo, Hideto Kazawa, Keith Stevens, George Kurian, Nishant Patil, Wei Wang, Cliff Young, Jason Smith, Jason Riesa, Alex Rudnick, Oriol Vinyals, Greg Corrado, Macduff Hughes, Jeffrey Dean, 2016）、Figure 1より引用

URL https://arxiv.org/pdf/1609.08144.pdf

文書要約

文章要約も自然言語処理の主要な分野の1つですが、一言で「文書要約」と言ってもいろいろな技術があります。例えば、1つの長い文章を短くする技術を「単一文書要約」と言いますが、Twitterなどの短い文章が大量にある場合に、それらを代表する文章（ツイート）を抽出する「複数文書要約」もあります。

また、元の文章から重要な文や単語を抽出する「抽出的アプローチ」は数多く研究されていますが、必ずしも文章に含まれるとは限らない単語を使った文を生成する「生成的アプローチ」も注目されています。

2016年に、Google Brainチームが「ニュース冒頭文からよい見出しを生成するアルゴリズム」を発表しました。こちらは、ニュースの冒頭の文章から生成的なアプローチで見出しを生成することで、人間的な要約を実現しています。

- **生成的アプローチの例**
  （Input: Article 1st sentence、Model-written headlineの表を参照）
  URL https://research.googleblog.com/2016/08/text-summarization-with-tensorflow.html

対話システム

スマートスピーカーのGoogle HomeやAmazon Echoの人気やチャットボットの流行から、最近非常に注目されているのが「対話システム」です。対話システムには、レストランのレコメンドなど、特定の目的の達成を目指す「タスク指向」の対話システムと、Microsoftのりんな（図1.16）に代表されるように、特定の目的を持たない「非タスク指向」の2種類があり、それぞれ盛んに研究されています。

ただし、実際のビジネスの現場では、深層学習を用いた高度な手法よりも、コントロールのしやすい従来型のルールベースの手法のほうがまだまだ主流です。実用的な対話システムを実現するには、様々な要素を組み合わせなければならず、単一の深層学習アルゴリズムだけで人間的な対話ができるような状況にはなっていません。

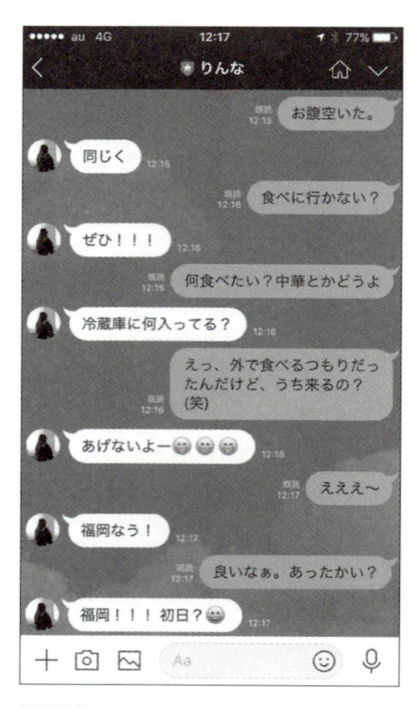

図1.16 Microsoftの女子高生AI「りんな」

URL https://www.rinna.jp/platform/ime

 1.2.3　音声処理

音声認識

画像処理や自然言語処理と並んで、音声認識も深層学習の主要な応用分野です。2012年のILSVRCよりも1年早い2011年には、音声認識技術の一部に深層学習を用いることで従来精度を33%も超えることが報告され※1、注目されました。実アプリケーションでも深層学習が利用されており、iPhoneやAndroid端末の音声認識精度の向上につながっています。

音声合成・音楽生成

2013年以降、音声合成や音楽生成の分野でも深層学習が利用され始めています。例えば、Google Brainチームの取り組みの1つに、「Project Magenta」（図1.17）と呼ばれるプロジェクトがあります。

図1.17 Project Magenta

URL https://github.com/tensorflow/magenta

※1 「Conversational Speech Transcription Using Context-Dependent Deep Neural Networks」(Frank Seide1, Gang Li,1 and Dong Yu2, 2011)
URL https://www.microsoft.com/en-us/research/publication/conversational-speech-transcription-using-context-dependent-deep-neural-networks/

Project Magentaでは、深層学習をアートに適用する取り組みが行われており、その成果物を使うことで、だれでも簡単に深層学習による音楽の生成ができるようになっています。

例えば、Project Mangentaの成果物の1つであるPerformance RNN（図1.18）を使うと、単純なMIDI信号から、ゆらぎや微妙な強弱も含め、まるでプロが演奏したかのような出力を得ることができます。

Google DeepMindによるWaveNetも2016年に注目を集めました（図1.19）。それまでの音楽生成では、出力がMIDIの楽譜であることが多かったのですが、WaveNetでは直接波形を生成することで非常に質の高い音楽生成を実現しています。

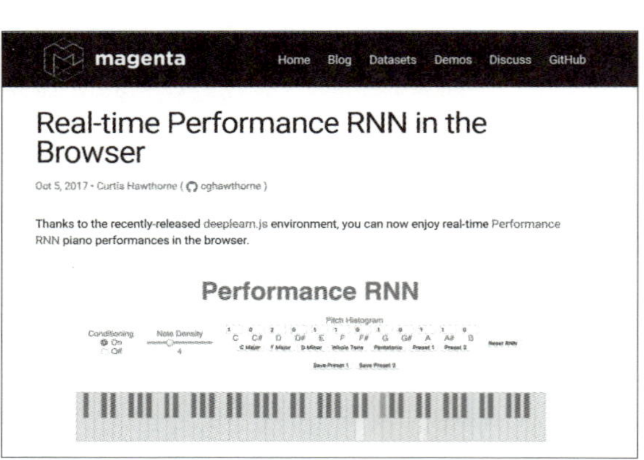

図1.18 ブラウザで動くPerformance RNNのデモ

出典 「Real-time Performance RNN in the Browser」

URL https://magenta.tensorflow.org/performance-rnn-browser

Output
Hidden Layer
Hidden Layer
Hidden Layer
Input

図1.19 WaveNetによる音楽生成のイメージ

出典 「WaveNet: A Generative Model for Raw Audio」の画像より作図

URL https://deepmind.com/blog/wavenet-generative-model-raw-audio/

声質変換

普通の音声合成のように、声をテキストから生成するのではなく、声色だけを変換する「声質変換」技術も進歩しています。いわゆるボイスチェンジャーの発展系と考えることができます。

声質変換技術を使うと、自分の話している内容を有名人の声に変換することもできるので、アート領域における利用の印象が強いかもしれません。しかし、事故や病気で失ってしまった声を取り戻すために利用するなど、医療目的で応用できる可能性なども、注目されています。

1.2.4　強化学習

深層学習と強化学習を組み合わせた深層強化学習も盛んに研究されている分野です。

ゲームの攻略

2015年、Google DeepMindの開発したDQN MEMO参照 が、Atari 2600 MEMO参照 のゲームにおいて、49種類中、43種類で従来の手法を上回り、29種類については人間のプロゲーマーと同等以上の強さを見せ、話題となりました。

MEMO

DQN

Deep Q Networkの略。深層学習と強化学習の一種のQ Learningを組み合わせた手法。深層学習と強化学習を組み合わせるという発想自体は以前からあったが、学習を安定させることができなかった。DQNは、様々な工夫をすることで、深層強化学習の安定的な学習を可能とした初めての例である。

MEMO

Atari2600

Atari 2600は米国アタリが開発したゲーム。ファミリーコンピュータのように内部にプログラムが内蔵されたカートリッジを利用してプレイできる。

2016年には、「人間に勝つことは当分無理」と言われていた囲碁の分野で、同じくDeepMindの開発したAlphaGo MEMO参照 がトップ棋士のイ・セドルを圧倒しました。DQNもAlphaGoも、基礎となっているのは深層学習と強化学習を組み合わせた深層強化学習と呼ばれる手法です。

MEMO

AlphaGo

AlphaGoはDeepMindの開発したコンピュータ囲碁プログラム。様々なバージョンがあり、イ・セドルと対戦したのはAlphaGo Lee、その後ネット碁でプロ棋士相手に60連勝を達成したのはAlphaGo Master、人間の棋譜を全く学習せずに、たった3日間の学習でAlphaGo Lee/Masterに圧勝したのがAlphaGo Zeroである。派生として、AlphaGo Zeroを将棋やチェスにも対応可能にしたAlpha Zeroもある。

システムの制御

深層強化学習はゲーム以外にも応用されています。2015年、日本のベンチャーであるPreferred Networksは深層強化学習を使って、ロボットカーが障害物を自動的に避けるような動作をゼロから学習するデモを公開しました。また、2016年に公開されたDeepMind の論文「Deep Reinforcement Learning for Robotic Manipulation with Asynchronous Off-Policy Updates」では、ロボットアームにドアの開け方を自動学習させています。

1.2.5 その他

ここまでに取り上げたもの以外にも深層学習を利用した研究は盛んに行われています。

時系列データの予測・分類

自然言語や音声データに限らず、深層学習は様々な時系列データにも応用可能です。例えば、株価については、過去のデータも入手しやすく結果も評価しやすいため、株価予測の研究がされています。また、体につけたジャイロセンサーのデータから、「歩いている」、「階段を上がっている」などの動作を推定する行動推定も研究が進んでいます。

異常検知

異常検知でも深層学習が使われています。異常検知とは、他の多くのデータとは振る舞いが異なるようなデータを検出する技術のことで、クレジットカードの不正検知、システムの故障検知、不良品の検出などに用いられています。異常検知自体は、深層学習が広まる以前から使われていた技術ですが、深層学習の発展により、精度の向上や対象とできるデータの拡大が期待されています。日本では、キユーピーがベビーフードに使うポテトの中から不良を見つけ出すのに深層学習を利用しています[※2]。

※2 URL https://cloud-ja.googleblog.com/2017/06/google-ai.html

1.3 TensorFlowの特徴

ここまで解説してきたように、深層学習は様々な分野で積極的に研究されています。本書で扱うTensorFlowは、深層学習の研究で最も使われているライブラリの1つですが、具体的な使い方に入る前に、どのような特徴があるのか、外観を見ておくことにしましょう。

1.3.1 有向非巡回グラフ

TensorFlowの特徴として、まず1つ目に挙げられるのが「有向非巡回グラフ」(DAG：Directed acyclic graph）をベースとした処理系であることです。

TensorFlowのTensorは日本語で「テンソル」と言い、ベクトルや行列を一般化した数学の概念です。テンソル同士の演算（足し算や掛け算）の結果もテンソルとなる性質があるので、複雑な演算も図1.20のようにお互いに矢印で結ばれた、ループのないネットワーク（有向非巡回グラフ）で表現できます。このネットワークは「計算グラフ」や「データフローグラフ」とも呼ばれています。

原則としてTensorFlowでは、まずPythonでグラフの定義だけを行います。グラフの定義が完了したあとで、複雑な処理をまとめて一気に行うことで、高速な演算を可能にしています（図1.21）。

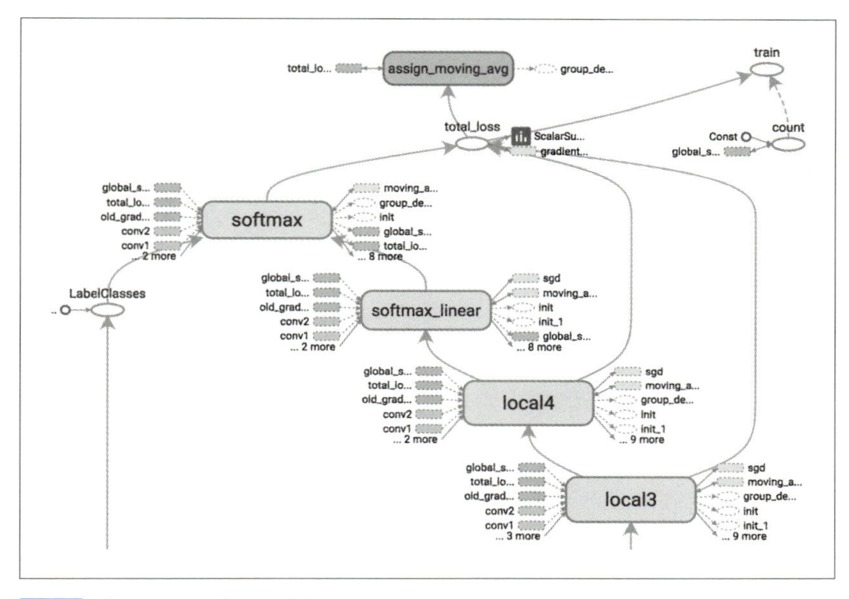

図1.20 データフローグラフの例

出典 「TensorFlow:Large-Scale Machine Learning on Heterogeneous Distributed Systems」(Martin Abadi, Ashish Agarwal, Paul Barham, Eugene Brevdo, Zhifeng Chen, Craig Citro,Greg S. Corrado, Andy Davis, Jeffrey Dean, Matthieu Devin, Sanjay Ghemawat, Ian Goodfellow,Andrew Harp, Geoffrey Irving, Michael Isard, Yangqing Jia, Rafal Jozefowicz, Lukasz Kaiser, Manjunath Kudlur, Josh Levenberg, Dan Mané, Rajat Monga, Sherry Moore, Derek Murray, Chris Olah, Mike Schuster, Jonathon Shlens, Benoit Steiner, Ilya Sutskever, Kunal Talwar, Paul Tucker, Vincent Vanhoucke, Vijay Vasudevan, Fernanda Viégas, Oriol Vinyals, Pete Warden, Martin Wattenberg, Martin Wicke, Yuan Yu, and Xiaoqiang Zheng, 2015)、Figure 10より引用

URL https://static.googleusercontent.com/media/research.google.com/en//pubs/archive/45166.pdf

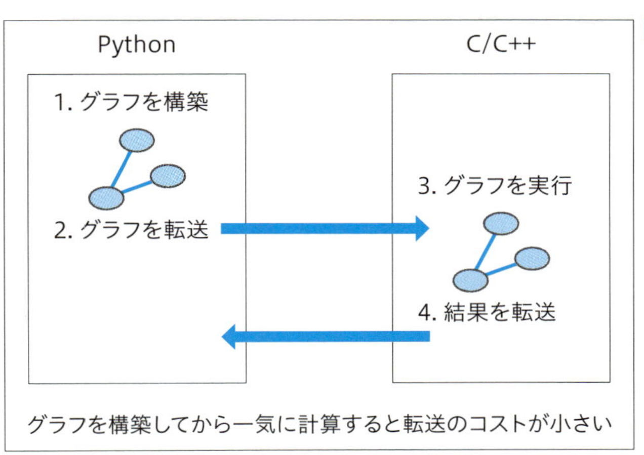

図1.21 グラフを定義して高速に実行する図

1.3.2 いろいろな環境で動作

2つ目は、様々な環境で動作することです。基本的に、CPUでもGPUでも同じコードを動かすことができます。また、Pythonを使って構築したグラフを保存して、別言語から呼び出すこともできます。この機能を利用することで、iPhoneやAndroid端末でも動作させることができるようになります。

また、最近では「TensorFlow Lite」というプロジェクトが注目されています。深層学習では、モデル自体が数百MBにもなってしまうことがざらにありますが、TensorFlow Liteを使うと、巨大なモデルを圧縮することができ、iPhoneやAndroid端末で利用できるようになります。

TensorFlowそのものではありませんが、deeplearn.jsと呼ばれるライブラリもGoogleから公開されています（図1.22）。deeplearn.jsを使うと、ブラウザ上のJavaScriptでTensorFlowのモデルを高速に実行できるため、デモなどの用途で注目されています。

また、「TensorFlow Serving」というプロジェクトもあり、これを用いると構築したモデルを気軽にAPIとして提供できます。

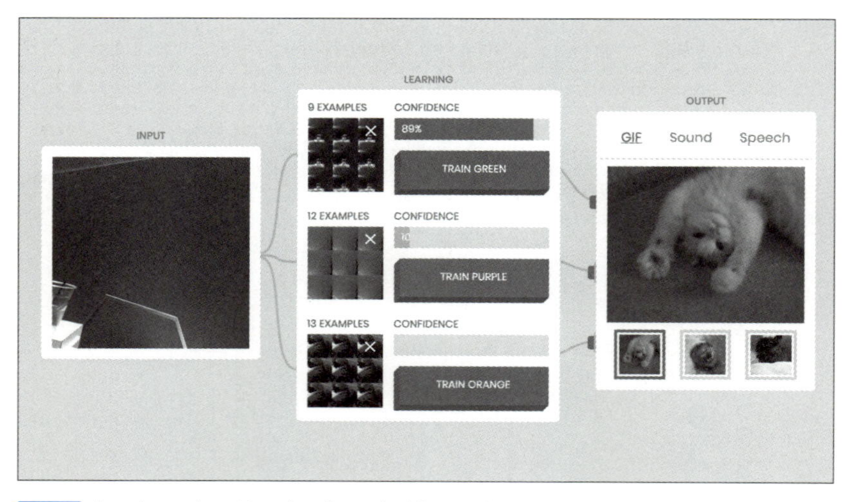

図1.22 deeplearn.jsのサンプル「Teachable Machine」

URL https://teachablemachine.withgoogle.com/

1.3.3　分散処理

3つ目は分散処理です。TensorFlowのホワイトペーパーで分散処理の仕組みを中心に紹介されていることからわかる通り、TensorFlowの一番の強みは分散処理です。

深層学習は計算量が非常に大きいため、分散処理が必要になるようなケースが多々あります。一般に分散処理を使いこなすには、非常に高度な技術力が必要ですが、TensorFlowを用いることで、分散処理をある程度簡単に記述することができます。

1.3.4　TensorBoardによる可視化

TensorBoardによる可視化も、TensorFlowの重要な特徴の1つです。

深層学習はよく「ブラックボックスである」と言われますが、その表現力の高さゆえに、「中で何が起こっているのかわかりづらい」という問題があります。

TensorFlowに付属する「TensorBoard（テンソルボード）」というツールには（図1.23）、学習時の損失関数の経過や中間層の様子、抽出した特徴量の埋め込みによる可視化など、「今何が起こっているのかを理解する助けになる」機能が備わっています。可視化の結果を使うことで、デバッグや、構築したモデルを理解する上での手助けになります。

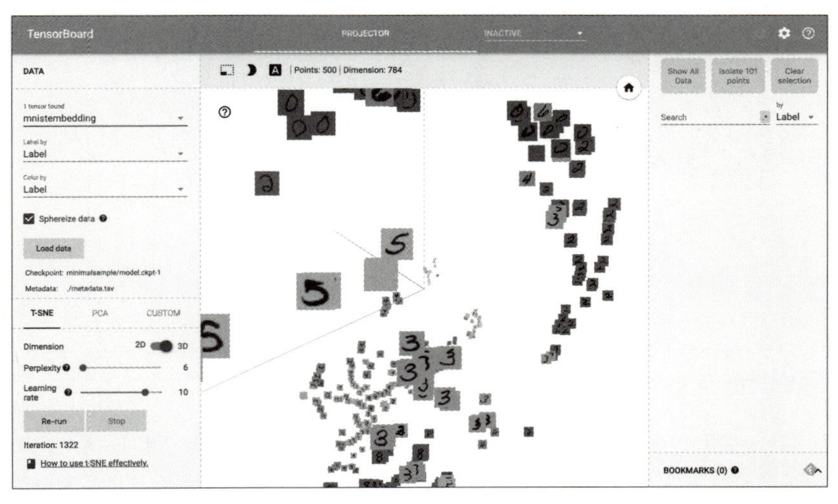

図1.23 TensorBoardによるEmbedding Visualization

1.3.5 様々なレベルのAPIとエコシステム

細かい制御が可能な低レベルAPIから高レベルAPIまで幅広くカバーしているのも、特徴の1つとして挙げられます。

2015年に公開された当初はまだバージョンは0.6で、非常に低レベルなTensorFlow Core APIが使えるだけでしたが、本書執筆時点（2018年3月現在）では、Core APIの上にLayersやKeras、Estimatorなどの高レベルなAPIが提供されています。

Estimatorの中でも、基本的なネットワーク構造が決まっていて、パラメータを設定するだけですぐに学習をはじめることができるpre-made Estimatorは、細かなアルゴリズムを知らなくても使えるようになっていて、TensorFlowの入門のしきいが大きく下がっています。pre-made Estimatorでは対応できないようなネットワークについては、LayerやKerasを用いて、まるでレゴブロックを組み合わせるような感覚でモデルを構築することができます。本書でも、Kerasを活用して様々なネットワークを構築します。

また、2017年3月には、Google Cloud Machine Learning Engine（ML Engine）が公開されました（図1.24）。

ML Engineを利用すると、インフラを準備しなくても、CPUやGPUを利用した分散学習を行うことができますし、構築したモデルをそのままAPIとして利用することもできます。

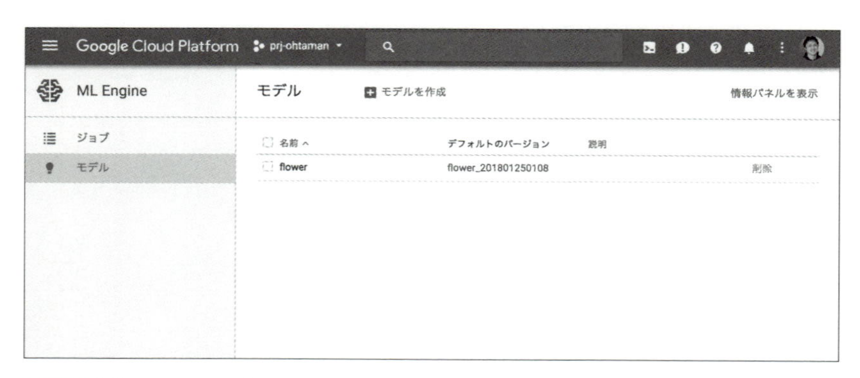

図1.24 ML Engineの画面

TensorFlowのコミュニティは非常に大きいという特徴もあります。GitHubのスター数は90,000を超えており、ほかの深層学習ライブラリを圧倒しています。最新の研究論文のコードではTensorFlowで実装されていることも多く、コードを読んで理解したり、単純に試すことができます。

1.4 Kerasとは

Kerasは非常に使い勝手のよい、高レベルAPIの1つです。元々はTensorFlowとは別の独立したプロジェクトでしたが、現在はTensorFlowと統合されたバージョンと独立したままのバージョンの2系統が存在する、少し変わったライブラリとなっています。本節では、そんなKerasの概要を簡単に紹介します。

1.4.1 Kerasの特徴

Kerasは、François Cholletが中心となって開発している、深層学習のライブラリもしくはAPI仕様のことです。

2つのKeras

Kerasには2つの実装があります。1つはTensorFlowに統合されたもので、もう1つは、バックエンドとしてTheano MEMO参照 やCNTK MEMO参照 などをサポートしている、TensorFlowとは独立したパッケージです。

MEMO

Theano

Theanoは、Python用数値計算ライブラリの1つ。深層学習の大御所であるBengio教授の研究室で開発されていたもので、自動微分機能など、深層学習に便利な機能が実装されている。2017年9月に開発が終了している。

MEMO

CNTK

CNTKは、Microsoftの開発した深層学習ライブラリ。CNTKは元々Computational Network Toolkitの略称であったが、現在はMicrosoft Cognitive Toolkitである。

元々Kerasは、TensorFlowとは独立したライブラリとして開発されており、開発初期は深層学習ライブラリのTheanoの薄いラッパーライブラリとなっていました。

しかしTensorFlowが登場したあとに、バックエンドとしてTheanoとTensorFlowのどちらかを選べるようになり、2017年の2月に開催された「TensorFlow Dev Summit 2017」で、TensorFlowとの統合が発表されました。ただし、統合されると言っても、「TensorFlowに吸収される」というわけではありません。「KerasとはAPI仕様である」と再定義して、実装はTensorFlowに統合されたものと、これまで通り複数のバックエンドを選べるものの2系統となりました。

2つの実装においては、若干の違いはあるものの、API仕様が統一されているため、どちらを利用しているのかをほとんど意識することなく、利用できます。

シンプルなモジュール構成

シンプルなモジュール構成もKerasの特徴の1つです。深層学習のネットワークを構築する上でよく使われるものを適切な粒度でモジュール化しているため、あたかもレゴブロックを組み合わせるような感覚で、深層学習のモデルを構築していくことができます。

また、構築したモデルは、scikit-learn MEMO参照 によく似たインターフェイスを経由して、学習や評価を行うことができます。これにより、コードの可読性がとても高くなります。実は、筆者の会社ではKerasは2015年の春頃から利用しており、現在でも複雑なネットワーク以外はほとんどKerasを使って実装しています。

MEMO

scikit-learn

scikit-learnは、Pythonの機械学習ライブラリ。深層学習を除く機械学習やデータ分析において、ほとんど標準の地位を築いている。

1.5 深層学習ライブラリの動向

最後に、TensorFlowやKeras以外の深層学習ライブラリの動向を押さえておきましょう。

1.5.1 Define and RunとDefine by Run

深層学習ライブラリの動向を語る上で外せないのが Define and RunとDefine by Runという概念です。

Define and Runは、TensorFlowのように、まず計算グラフを定義して、まとめて処理をすることを言います。普通のプログラミング言語とパラダイムが違うため、「学習コストが若干高い」というデメリットがありますが、高速化が容易であるというメリットがあります。

一方のDefine by Runは、Preferred NetworksのChainer MEMO参照 開発陣が初めて提唱した概念で、あらかじめ計算グラフを定義しておくのではなく、グラフの定義と処理を同時に行うことです。

処理結果によって計算グラフを動的に変えられるため、「実装がシンプルになりやすい」というメリットや、「デバッグ時にエラー箇所を把握しやすい」というメリットがあります。

2016年頃までは高速化の観点からDefine and Runが主流でしたが、2017年頃からはChainer以外のDefine by Run型のライブラリが続々と登場しています。TensorFlowも、元々Define and Runのライブラリでしたが、r1.5で導入されたEager Executionを用いることで、Define by Runによる記述が可能になりつつあります（表1.2）。

MEMO

Chainer

ChainerはPreferred Networksが開発するオープンソースの深層学習ライブラリ。日本では人気が非常に高い。Chainerで採用したDefine by Runは、後発のライブラリに強い影響を与えている。「Flexible（柔軟性）」「Intuitive（直感的）」「Powerful（高機能）」の3つを掲げている。

表1.2 Define by Runのライブラリ

ライブラリ	概要
Chainer	• Define by Runを提唱した国産ライブラリ • 開発が非常に活発で、日本ではユーザーが多い • ChainerMNにより、分散処理もサポートされている • 日本Microsoftも支援している
PyTorch	• 元々はChainerのフォークで現在は独自のものに置き換わっている • Facebookが中心となって開発 • 使いやすさに定評があり、公開後1年足らずで一躍人気ライブラリとなっている
Gluon	• AWSがサポートを表明しているMXNetのラッパーライブラリ • 本来Define and RunのMXNetを使ってDefine by Runを実現している

1.5.2 複数ライブラリ間のモデルの共有

以前は、TensorFlowで実装したモデルはTensorFlowで、Chainerで実装したモデルはChainerでしか利用することができませんでした。

しかし、機械学習や深層学習の現場では、「せっかく学習したモデルのパラメータを別のライブラリでも利用したい」というニーズが少なからずあります。

そこで2017年頃から「モデルをいかに共有するか」という観点に着目したライブラリや仕様が出てきています。例えば、ONNX（Open Neural Network Exchange）MEMO参照を用いると、Apache MXNet MEMO参照のモデルを読み込み、PyTorchやChainerのモデルに変換できます。

MEMO

ONNX

深層学習モデルを表現するための共通フォーマット。Apache MXNet、Caffe2、CNTK、PyTorchといった深層学習ライブラリ間での相互運用を可能にする。

MEMO

Apache MXNet

Apache MXNetは非常に高速で柔軟性の高い深層学習ライブラリ。Pedro Domingosらが中心となって開発している。Amazonが公式にサポートを表明し、2017年1月よりApache Incubatorに加わっている。

 1.5.3 深層学習のエコシステム

2016年頃から、AIや深層学習に関する認知が一般企業にまで広まってきました。これまでは、研究や実験レベルに関する内容が多く出てきましたが、「実サービスでどのように活用するか」という話が徐々に盛り上がってきています。

モデルそのものが重要な研究とは異なり、実サービスでは、モデルの監視やアップデート、外部システムとの連携など、気にしなければならない項目が多岐にわたります。近年は、そのあたりの煩わしさを吸収するようなサービスをクラウド事業者が提供しています。

例えば、GCP（Google Cloud Platform）では、DataFlowやDataLabと呼ばれるサービスや前述の ML Engineを駆使することで、データの蓄積から前処理、モデルの構築とサービスのホスティングまで一貫してクラウド上で実行することができるようになっています。また、ホスティングされたサービスはGCPの機能で監視され、処理速度が低下した場合のスケーリングやモデルの管理などもサポートしています。

2017年に公開されたColaboratory MEMO参照 では、12時間の制約はあるものの、GPUを利用して深層学習モデルを構築したり、GoogleDriveでコードをシェアすることができるようになっています。

また、AWS（Amazon Web Services）ではSageMaker MEMO参照 と呼ばれるフルマネージドなサービスを提供しています。SageMakerを使うと、Jupyter Notebookを使ったモデルの構築から、学習、モデルのホスティングまでの一通りの流れを非常に簡単に行うことができます。

このように、クラウドの機能を利用することで、実サービスでの運用を見据えた形で、深層学習に取り組むことができるようになりつつあります。

 **MEMO**

Colaboratory

Google Colaboratoryは、機械学習の教育や研究に利用できる研究ツール。特別な設定なしで、Jupyter Notebook 環境を利用できる。2018年3月時点ではすべての機能を無料で利用できる。

MEMO

SageMaker

Amazon SageMakerは、機械学習モデルの構築、学習、デプロイまでサポートするAWSのフルマネージドサービス。Jupyter Notebookを使ってモデルを構築し、コンソール画面から学習を行う。学習されたモデルはEC2インスタンスのクラスタにデプロイ可能。A/Bテストなど痒いところに手の届く機能もある。

1.6 本書の構成と内容

本書は第1部の基礎編と第2部の応用編で構成されます。基礎編ではTensorFlowやKerasの機能や使い方、深層学習の基礎を紹介し、応用編では具体的なモデルの実装方法を紹介します。

1.6.1 第1部の内容

第1部の基礎編では、深層学習の基礎とTensorFlowやKerasの機能と使い方を紹介します。各章は、以下の内容となります。

- **第2章**　開発環境を構築する
- **第3章**　簡単なサンプルで学ぶTensorFlowの基本
- **第4章**　ニューラルネットワークとKeras
- **第5章**　KerasによるCNNの実装
- **第6章**　学習済みモデルの活用
- **第7章**　よく使うKerasの機能

1.6.2 第2部の内容

第2部の応用編では、第1部で学んだことを応用して、より実践的な画像処理のモデルを構築します。各章は、以下の内容となります。

- **第8章**　CAEを使ったノイズ除去
- **第9章**　自動着色
- **第10章**　超解像
- **第11章**　画風変換
- **第12章**　画像生成

CHAPTER 2

開発環境を構築する

本章では、TensorFlow環境の構築方法を紹介します。環境はWindowsを前提としていますが、macOSやLinuxについても簡単に触れています。

2.1 TensorFlowとGPU

TensorFlowには、通常のプログラムと同様にCPUを使って計算を行うCPU版と、GPUを利用した高速な演算が可能となるGPU版の2種類があります。TensorFlowをインストールする前に、両者の違いを整理しておきましょう。

2.1.1　CPU版とGPU版の違い

TensorFlowには、CPU版とGPU版の2種類があります。

CPU版は、通常のプログラムのようにすべての計算をCPU上で行いますが、GPU版ではGPU MEMO参照 を利用することで、CPU版の数十倍もの速度で演算処理を行うことができます。

MEMO

GPU

Graphics Processing Unitの略。元々リアルタイムな画像処理に特化した演算装置であったが、並列演算においてはCPU以上の性能を持つため、リアルタイムな画像処理以外にも利用されるようになった。これをGPGPU（General-purpose computing on GPU）と呼ぶ。一般に深層学習と相性がよいため、多くのライブラリがGPGPUをサポートしている。

TensorFlowに付属する簡単なサンプル程度であれば、CPU版でも問題ありませんが、本書の後半で解説するような複雑なモデルについては、計算量が非常に大きいため実質的にはGPU版が必要となります。

GPU版はCPU版と比べ、深層学習の学習処理が格段に速いため、非常に魅力的ですが、「環境を選ぶ」という欠点があります。TensorFlowに対応しているGPUは、NVIDIA（エヌビディア）製 MEMO参照 の高性能なものに限られ、Windowsの場合は必要なライブラリをインストールするのに、Visual Studioが必要となります。

本格的にTensorFlowを使っていくことが明確なのであれば、しっかりと開発環境を整えるところからはじめるとよいでしょう。しかし、「まず触ってみよう」という段階で、高価なGPUの環境を整えるのはそれなりにハードルが高いかと思います。

そこで、本章ではまずCPU版のインストール方法を紹介します。次に、GPU版をクラウドで利用する方法について簡単に解説します。クラウドを利用することで、高価なGPUを購入する必要がなくなり、初期費用が抑えられるため、GPU環境導入のハードルが幾分下がるでしょう。筆者の周りでも、まずはローカルのCPU版で実装し、大量のデータを使った学習のときだけ、GPUを利用可能なサーバーを利用する、という使い方が一般的です。

MEMO

NVIDIA

NVIDIAは、複雑な演算処理やグラフィックス処理を行うグラフィックボードなどを開発するメーカー。GPU領域の最大手であり、一般用途向けのGeForceシリーズやHPC向けのTeslaシリーズを提供している。

2.2 Pythonの環境構築

TensorFlowやKerasでは、Pythonを使ってモデルを構築するため、Pythonの開発環境が必要となります。ここでは、Pythonの開発環境の1つであるAnacondaを紹介します。

2.2.1 Anacondaとは

Tensorflowは、グラフを構築して実行するためのAPIが様々な言語で用意されています。C++、Java、Goなどの言語にも対応していますが、PythonのAPIが最も完成されているため、Pythonから使用することが一般的です。そこで、TensorFlowのインストールに先立って、Pythonの環境を構築します。ここでは、Windowsと相性のよいAnaconda（アナコンダ）というPythonのディストリビューションを利用します。

Anacondaは、「仮想環境」という仕組みを使い、Pythonのバージョンやライブラリを自由に切り替えられるようになっています（図2.1）。Anacondaでは、仮想環境ごとにPythonのバージョンを指定できますが、これはAnacondaをダウンロードしたときに指定したバージョンと必ずしも一致させる必要はありません。TensorFlowはWindows上では、Python 3.5および3.6をサポートしているので、どちらかのバージョンを指定して仮想環境を作成し、その中にTensorFlowをインストールする流れになります。

普段macOSやLinux上でPythonによる開発を行っている方は、pyenvなどの環境分離ツールを使っているかもしれません。その場合は、利用しているツールを使い、TensorFlow用の環境を作ります。なお本書ではpyenvの説明は割愛します。

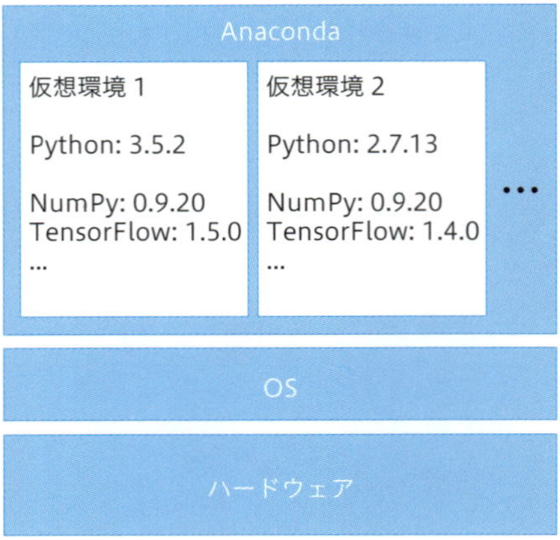

図2.1 Anacondaと仮想環境の関係

2.2.2　Anacondaのインストール

それではAnacondaをインストールしてみましょう。Anacondaは、図2.2のサイトからダウンロードできます。

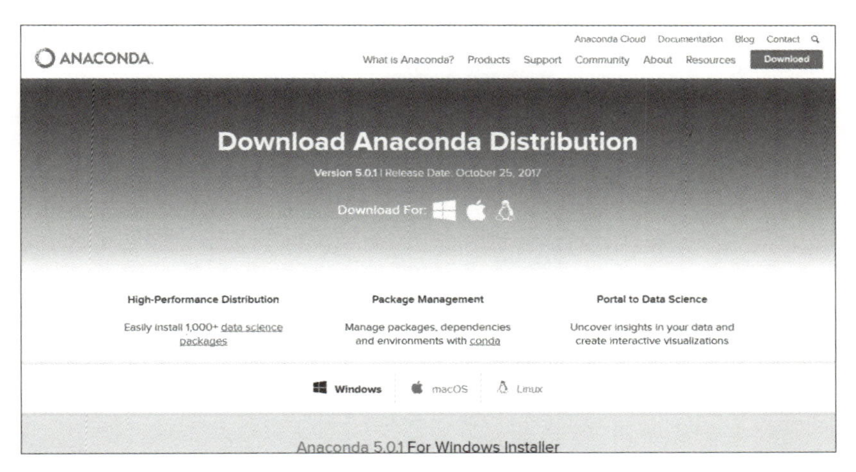

図2.2　Anacondaのダウンロードサイト

URL　https://www.anaconda.com/download/

下にスクロールすると、Pythonのバージョンを選んでダウンロードできるようになっています。ここでは、「Python 3.6 version」の［Download］ボタンをクリックします（図2.3）。右上の「Download」ボタンではないので注意してください。

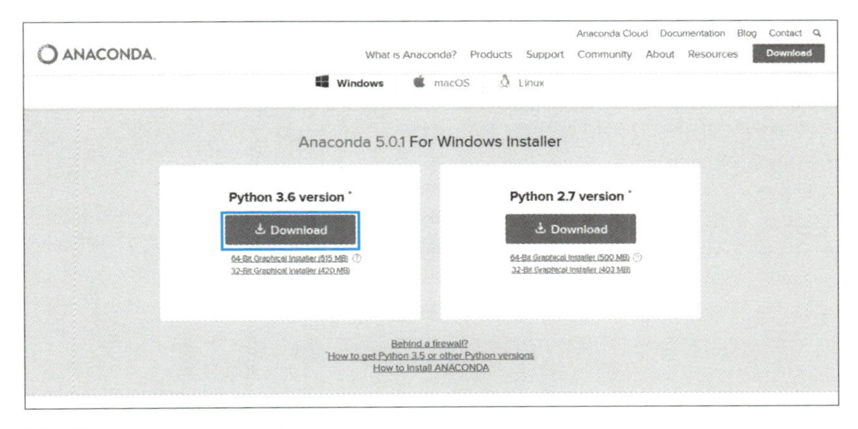

図2.3　Anacondaのダウンロード画面

ダウンロードしたAnaconda3-5.0.1-Windows-x86_64.exe MEMO参照 を実行し、図2.4 から 図2.6 のように、ウィザードに従ってインストールを進めます。

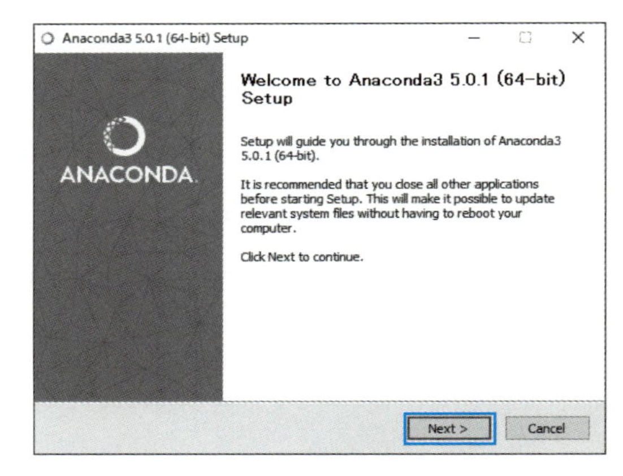

図2.4 Anacondaのインストールウィザード①

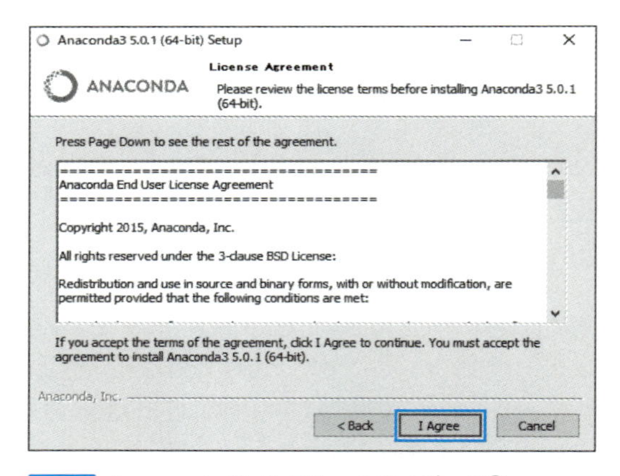

図2.5 Anacondaのインストールウィザード②

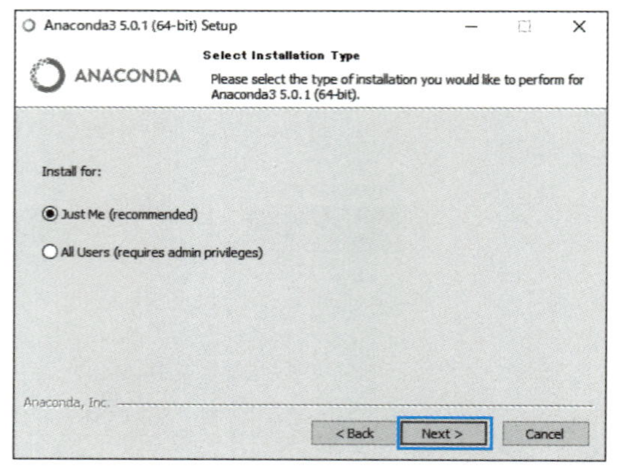

図2.6 Anacondaのインストールウィザード③

図2.7 のようなウィンドウが立ち上がれば、インストールは完了です。

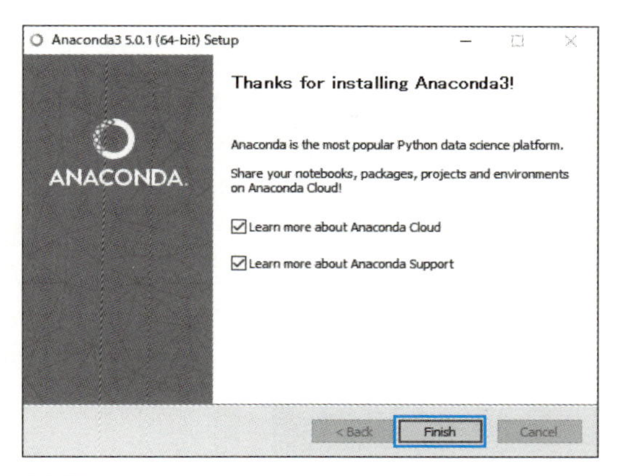

図2.7 Anacondaのインストール完了画面

ATTENTION

Anacondaのバージョン

本書執筆時点（2018年3月現在）では、「Anaconda3-5.0.1-Windows-x86_64.exe」を利用しています。図2.3 で提供されているバージョンはダウンロード時期によって変わる可能性がありますが、最新版のものを利用すれば基本的に問題ありません。本書の環境に合わせる場合は、以下のサイトからバージョンを指定してダウンロードしてください。

- **Anaconda installer archive**
  URL https://repo.continuum.io/archive/

2.2.3 仮想環境の作成

次に、Anaconda上に新しい仮想環境を構築します。

GUIから仮想環境を構築する場合

GUIを使う場合は、Windowsのメニューから［Anaconda3（64-bit)］→［Anaconda Navigator］を選択して（図2.8）、Anaconda Navigatorを起動します。起動したら、メニューから［Environments］→［Create］の順にクリッ

クすると、[Create new environment] 画面が表示されます。「Name」にわかりやすい仮想環境名（本書では「tensorflow」）、「Packages」で「3.5」を選択して [Create] ボタンをクリックすると（図2.9）、作成できます（図2.10）。

図2.8 Anaconda Navigatorの起動

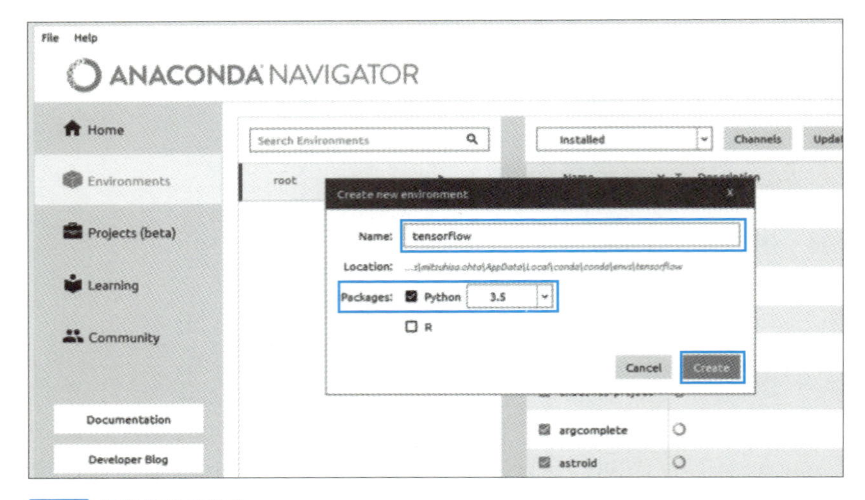

図2.9 仮想環境の作成

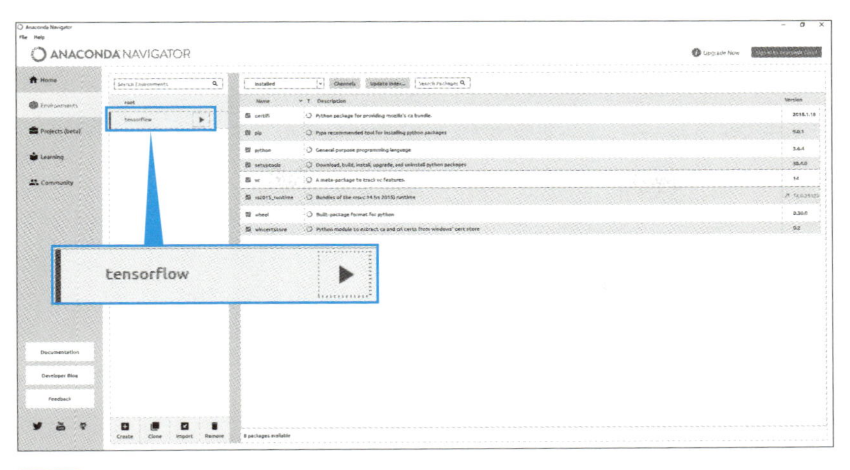

図2.10 作成した仮想環境

コマンドラインからインストールする場合

コマンドラインから実行する場合は、Windowsのメニューから［Anaconda3 (64-bit)］→［Anaconda Prompt］を選択して起動します（図2.11）。

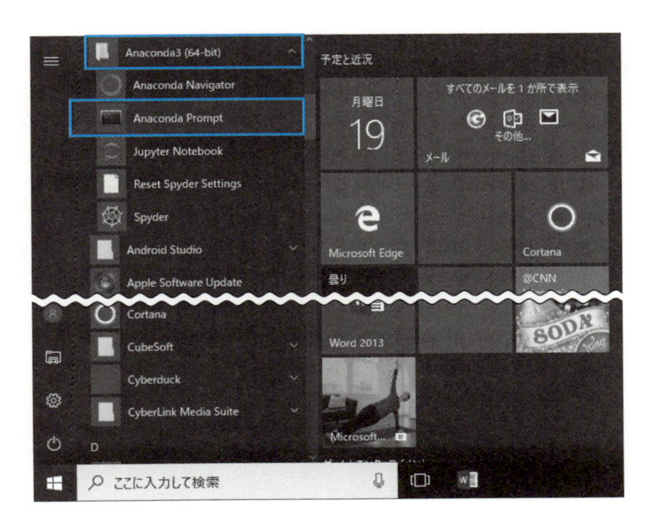

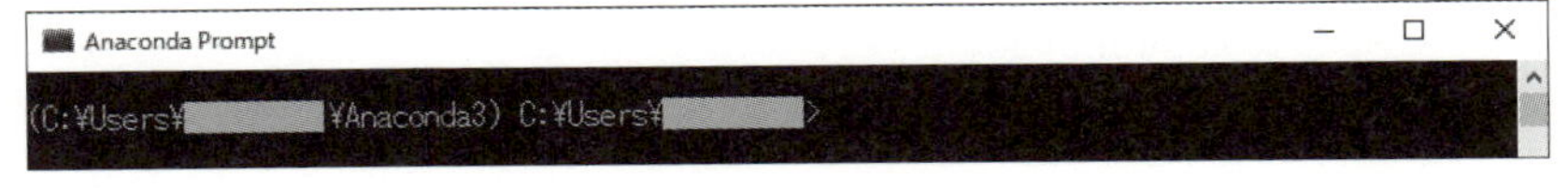

図2.11 Anaconda Promptの起動

起動したら、以下のコマンドで環境を作成できます。<仮想環境名>は前述の通りわかりやすい名前であれば何でもかまいません。

```
> conda create -n <仮想環境名> python=3.5
```

2.2.4 必要なライブラリのインストール

GUIを利用する場合は、仮想環境「tensorflow」の▶から［Open Terminal］を選択し、仮想環境のコマンドプロンプトを立ち上げます（図2.12）。

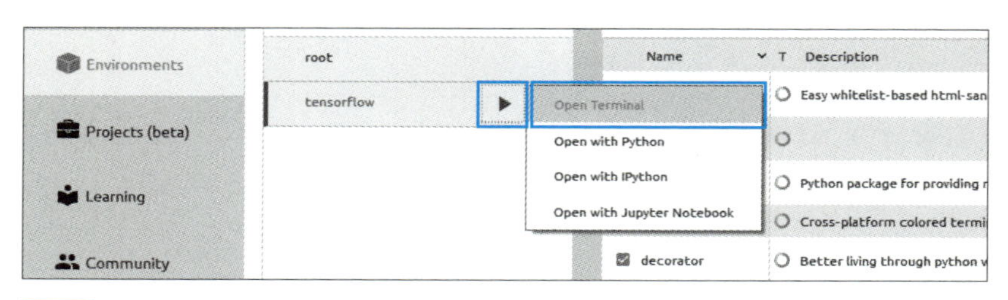

図2.12 仮想環境のコマンドプロプトを起動

コマンドラインの場合は、以下のコマンドで仮想環境に入ることができます。

```
> activate <仮想環境名>
```

次にpipコマンドを使って、TensorFlowをインストールします。本書のサンプルは、TensorFlow v1.5.0で動作確認をしているため、バージョンを指定してインストールします。

```
> pip install --upgrade tensorflow==1.5.0
```

無事インストールできたら、Anaconda PromptからPythonを起動して、tensorflowをインポートできることが確認できれば、TensorFlowのインストールは完了です。

```
> python
Python 3.5.4 |Anaconda, Inc.| ....
>>> import tensorflow as tf
>>> tf.__version__
'1.5.0'
```

TensorFlowのインストールはこれで完了です。続いて、本書のサンプルで利用するJupyter Notebookとその他のライブラリをインストールしましょう。

Jupyter Notebookは、condaコマンドを使ってインストールできます。

```
> conda install jupyter
```

その他のライブラリ（表2.1）も同様にインストールできます。

```
> conda install <パッケージ名>==<バージョン名>
```

ただし、AnacondaはWindows用のopencvパッケージを提供していないため、opencvだけは`conda-forge`で配布されるパッケージを利用します。

```
> conda install -c conda-forge opencv
```

`-c conda-forge`は、パッケージをconda-forgeから取得してくることを意味します。

また、別の方法としてyaml形式のファイルを使って一括で必要なライブラリをインストールすることもできます。その場合は、本書のサンプルダウンロードページからshoeisha_tensorflow.yamlをダウンロードして、`conda env update`の引数に指定してください。

```
> conda env update -f shoeisha_tensorflow.yaml -n <仮想環境名>
```

表2.1 サンプルで利用しているライブラリ一覧

ライブラリ	バージョン	説明
h5py	2.7.1	HDF5形式のファイルを取り扱うライブラリで、Kerasのモデルを保存する際に利用する
matplotlib	2.2.2	標準的な可視化ライブラリで、学習結果の可視化などで利用している
opencv	3.4.1	広く使われている画像処理ライブラリで、本書では第9章で画像の前処理に利用する
pillow	5.0.0	標準的な画像処理ライブラリで、Kerasが内部的に利用している
pandas	0.22.0	データ解析ライブラリで、本書では第7章で可視化する際に利用している
scipy	1.0.0	科学技術計算ライブラリで、本書では第7章で利用している

2.2.5 Jupyter Notebookによる動作確認

それでは、Jupyter Notebookを使ってみましょう。Anaconda Promptから次のコマンドを入力すると、自動的にブラウザが立ち上がります※1（図2.13）。

```
> jupyter notebook
```

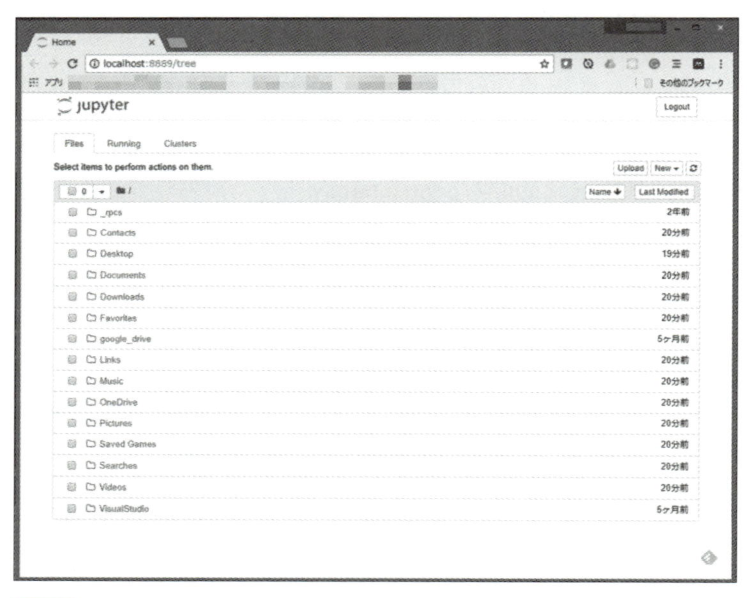

図2.13 Jupyter Notebook

右上の［New］をクリックして、［Python 3］を選択してください（図2.14）。

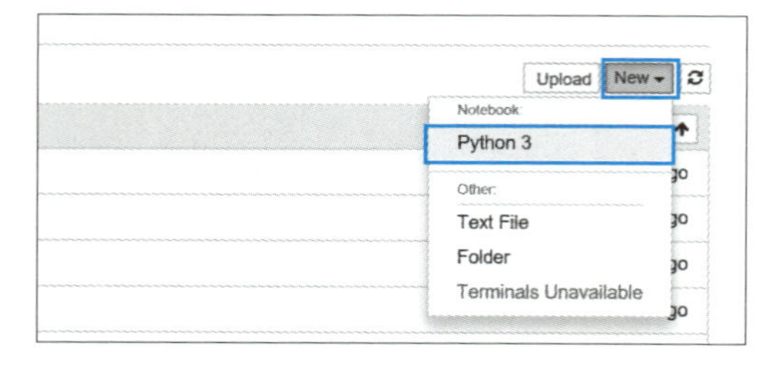

※1 仮想環境の「tensorflow」の▶をクリックして、［Open with Jupyter Notebook］を選択しても、自動的にブラウザが立ち上がります。

図2.14 Python3のノートブックを作成する

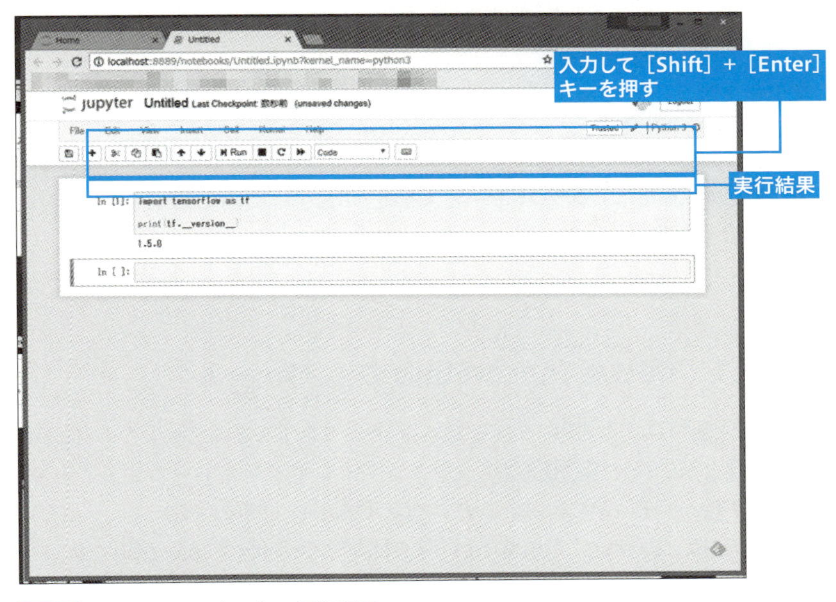

図2.15 Jupyter Notebookの編集画面

Jupyter Notebookは、Pythonのコードスニペットをブラウザ上で実行できるようにしたものです。各cellにPythonのコードを入力し、[Shift] + [Enter] キーを押すことで、実行できます（図2.15）。

また、Pythonコード以外にも、Markdown形式のノートも記述できるので、とても便利です。本書で使うサンプルコードは、すべてJupyter Notebook形式でダウンロードできますので（P.vを参照）、[Shift] + [Enter] キーを使って上から順に実行していくことで、動作を確認することができます。

なお、第1部のサンプルは、Windows環境、第2部のサンプルは、GPUが必須となるため、Ubuntuの環境で検証しています。

2.3 GPU環境とクラウドの活用

ここまでは、CPU版の環境構築方法について紹介してきましたが、TensorFlowを本格的に活用していくのであれば、GPU環境がほしいところです。しかし、GPU環境を一から構築するには、それなりの初期費用がかかってしまいます。そこで本節では、クラウドサービスを使ってお手軽にGPU環境を整える方法を紹介します。

 2.3.1 GPU版TensorFlowのインストール

NVIDIA製の高速なGPUを持っている方は、NVIDIAのサイトからCUDA MEMO参照 とcuDNN MEMO参照 をダウンロードしてインストールすることで、GPU版のTensorFlowを利用できます。CUDAやcuDNNのインストールを除いて、CPU版との違いは`tensorflow`ではなく`tensorflow-gpu`を指定するだけです。

ただし、Windowsの場合はCUDAをインストールして利用するにはVisual Studioをインストールしなければなりません。また、macOSについては、そもそもTensorFlowがGPUをサポートしていません。普段からLinuxを使っているのであれば比較的簡単にGPU環境を手に入れることができますが、WindowsやmacOSの場合には少ししきいが高いと言えます。

 **MEMO**

CUDA

CUDAはNVIDIAが開発・提供している、GPGPUのアーキテクチャ、もしくはライブラリのこと。

 **MEMO**

cuDNN

cuDNNは、NVIDIAが開発・提供している、GPUに最適化された深層学習用のライブラリ。深層学習でよく使われる基本的な機能が提供されており、多くの深層学習ライブラリで採用されている。

 2.3.2 クラウドの利用

そこで考えられるのが、クラウドの利用です。Google Cloud Platform、Amazon AWS、Microsoft Azureそれぞれが GPUを使えるインスタンスを用意しているので、高速なGPUを持っていなかったり、環境構築に手間をかけたくない場合には、クラウドの利用をお勧めします。

Amazon AWSでは、Deep Learning AMIという、深層学習専用のAMI（EC2のイメージ）が用意されているので、簡単にTensorFlowを利用できます。また、Google Cloud Platformでは、仮想マシンであるGCE上でGPUを利用できますし、Cloud Machine Learning Engineという、TensorFlow専用のサービスも用意されています。なお、GCE上でGPUを使って、本書のサンプルコードを動作させるのに必要な環境の構築方法をまとめたファイルが、本書のサンプルダウンロードページから入手できますので、そちらもご覧ください。

また、Googleは、Colaboratoryというサービスも展開しています（図2.16）。

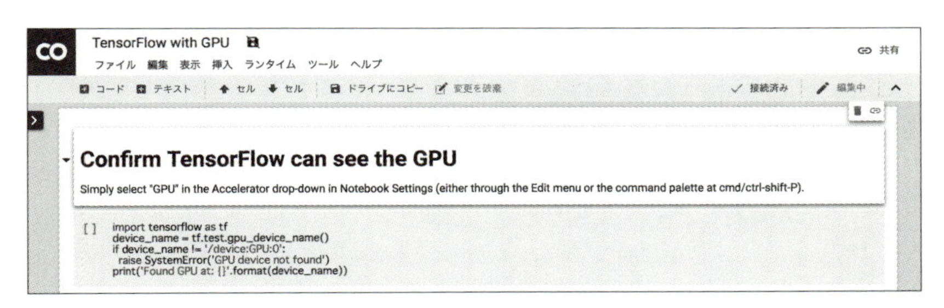

図2.16 Google Colaboratory

URL https://colab.research.google.com/

Colaboratoryを使うと、毎回データの準備や追加ライブラリのインストールをしなければいけないものの、Jupyter NotebookベースのUI経由で、最新のGPU環境を無償で利用できます。

本書執筆時点（2018年3月現在）では、まだまだ新しいサービスで、アップデートや改修も頻繁に起こっており、今後どのような方向に進むのかなど、不明な点も多いですが、コードのサンプルも豊富で手軽なので、非常にお勧めの環境です。

2.4 まとめ

本章で解説した内容をまとめました。

2.4.1 開発環境について

本章では、TensorFlowのインストール方法を解説しました。Windows環境を前提としていますが、Anacondaのインストール以外はmacOSやLinuxでも基本的な操作方法やコマンドはほとんど同じです。

また、GPUを簡単に使うために、本書執筆時点（2018年3月現在）で提供（提供予定を含めて）されているクラウドサービスについても紹介しました。

これまで、GPUの利用は多少ハードルの高いものでしたが、Deep Learning AMIやColaboratoryに見られるように、クラウド側でGPUを簡単に利用できるような仕組みが徐々に整いつつあるようです。

さて、次章では、いよいよTensorFlowを動かしながら、TensorFlowの基本概念について解説します。

CHAPTER 3

簡単なサンプルで学ぶTensorFlowの基本

第1章で述べた通り、TensorFlowは比較的低レベルな機能を提供するCore APIから、EstimatorやKerasといった高レベルAPIまで幅広く備えています。
高レベルAPIが非常に優秀なため、簡単なモデルを構築する場合には、低レベルAPIを意識する必要はほとんどありませんし、本書で紹介するモデルも大部分はKerasを使った実装となっています。
しかし、高レベルAPIでサポートしていないような機能や、複雑で実践的なモデルを実装したい場合には、低レベルAPIを使いこなす必要があります。また、高レベルAPIの挙動をしっかりと理解するためにも、TensorFlowの低レベルAPIを理解しておくことがとても重要になります。
そこで本章では、TensorFlowの低レベルAPIについて紹介します。

3.1 TensorFlowとデータフローグラフ

第1章で軽く触れた通り、TensorFlowはデータフローグラフをベースとした処理系です。本節では、TensorFlowにおけるデータフローグラフについて、具体例を示しながら学びます。

3.1.1 データフローグラフ

TensorFlowの低レベルAPIを理解するには、その基礎となっているデータフローグラフという概念を理解しておく必要があります。まずは、リスト3.1のTensorFlowのシンプルなコードを見てみましょう。

リスト3.1 TensorFlowによる1+1

In

```
import tensorflow as tf


a = tf.constant(1, name='a')
b = tf.constant(1, name='b')
c = a + b

with tf.Session() as sess:
    print(sess.run(c))
```

Out

```
2
```

TensorFlowに関する知識がなくとも、定数aとbにそれぞれ1を代入して、足し算をしていることがわかるかと思います。それでは、実際に1＋1＝2の計算を実行しているのはどこでしょうか？　c = a + bの部分でしょうか？

実はc = a + bの部分では、「aとbの値を足し算した結果を値に持つcというTensor」を定義しているだけで、実際に1＋1＝2が計算されるのはsess.run(c)の部分です。sess.run(c)の代わりにcの型を表示させてみると、たしかにcは単なる数値ではなく、Tensorという型のインスタンスであることがわかります（リスト3.2）。

リスト3.2 演算結果の型を調べる

In

```
import tensorflow as tf


a = tf.constant(1, name='a')
b = tf.constant(1, name='b')
c = a + b

print(c)
```

Out

```
Tensor("add_1:0", shape=(), dtype=int32)
```

このように、原則としてTensorFlowでは、

1. どのような計算をするのかを定義する
2. まとめて計算を実行する

という2つのステップを踏んで、計算を実行します。この「1. どのような計算をするのかを定義する」ということが、冒頭に出てきたデータフローグラフの役割です。

データフローグラフとは、データの流れ（フロー）をグラフとして表現したものです。日本語で「グラフ」と言うと、折れ線グラフや棒グラフをイメージするかもしれませんが、ここで言うグラフとは、「ネットワークのこと」と考えていただければと思います。

図3.1は、簡単なグラフの例です。点と点を線でつないだ構造になっており、この点のことを「ノード」や「頂点」、線のことを「エッジ」や「辺」と呼びます。

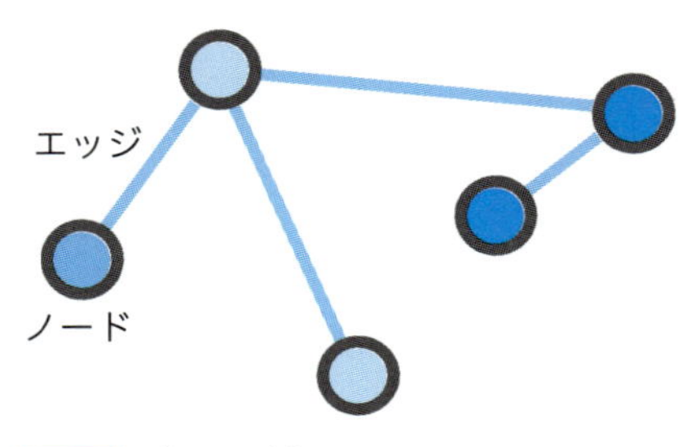

図3.1　グラフの例

先程の例に対応するグラフは図3.2のようになっており、aやbといった定数や、足し算といった操作が「ノード」に、それぞれの関係性が「エッジ」に対応します。これは、リスト3.3にあるようにas_graph_def()を使って確認することもできます。

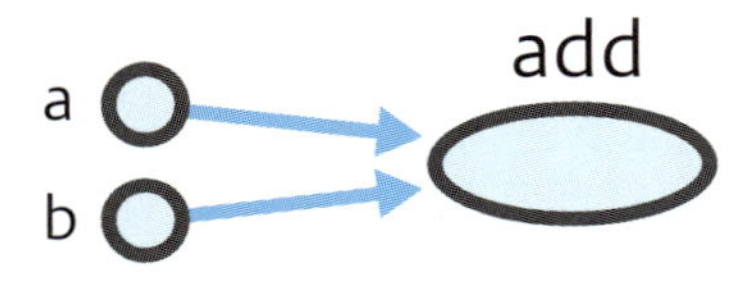

図3.2　1+1のグラフ

リスト3.3　データフローグラフの定義の表示。出力を見ると、aやaddがノードとなっていることがわかる

In

```
import tensorflow as tf


a = tf.constant(1, name='a')
b = tf.constant(1, name='b')
c = a + b

graph = tf.get_default_graph()
print(graph.as_graph_def())
```

Out

```
node {
  name: "a"
  op: "Const"
```

```
  attr {
    key: "dtype"
    value {
      type: DT_INT32
    }
  }
  (略)
}
(略)
node {
  name: "add"
  op: "Add"
  input: "a"
  input: "b"
  attr {
    key: "T"
    value {
      type: DT_INT32
    }
  }
}
versions {
  producer: 24
}
```

3.1.2 セッション

実際の計算結果を得るには、`tf.Session`（セッション）クラスのインスタンスを作成する必要があります。

生成したセッションの`run`メソッドに計算したいノードを指定して実行することで、ノードに対応する操作の実行された結果を得ることができます。リスト3.1では、`with`文の部分が対応しています。なお、`run`メソッドでは、`sess.run([a, b])`のように、複数のノードを指定して、同時に計算することもできます。

3.2 データフローグラフの構成要素

ここでは、データフローグラフを構成する要素について、1つ1つ解説していきます。

3.2.1 データフローグラフの構成要素とは

前述の通り、TensorFlowではデータフローグラフが中心的な役割を果たします。

3.1節では、データフローグラフのノードの例として定数や足し算を挙げましたが、それ以外にも様々な種類のノードがあり、それらを組み合わせることで、より複雑なモデルを構築することができるようになります。では、具体的にどういったものがあるのか、ここで整理しておきましょう。

定数

まずは定数です。定数は、はじめに定義したら、値を変更することはできません。ここまでに何度か出てきた通り、定数は、`tf.constant`を使って定義します。

変数

変数は`tf.Variable`を使って定義します（リスト3.4）。変数は定数と違い、値を変更することができます。学習対象のパラメータを定数ではなく変数として定義しておくことで、パラメータの更新、つまり学習が、可能になります。

リスト3.4　変数の例

In

```
import tensorflow as tf


a = tf.Variable(1, name='a')
b = tf.constant(1, name='b')
c = tf.assign(a, a + b) ―――――――――――――――― ❶
```

```
with tf.Session() as sess:
    sess.run(tf.global_variables_initializer()) ――❷
    print('一回目: [c, a] =', sess.run([c, a]))
    # 変数 c が更新されている
    print('二回目: [c, a] =', sess.run([c, a]))
```

Out

```
一回目: [c, a] = [2, 2]
二回目: [c, a] = [3, 3]
```

tf.assignは、値を代入して、代入した結果を返す操作を表します（リスト3.4 ❶）。この例では、「aにa + bの値を代入して、代入後のaの値を返す」という操作になっています。

出力結果を見ると、sess.runが呼ばれるたびにc（当然aも）が更新されているのがわかります。

aではなくbにtf.assignを適用しようとすると、bは定数なので、更新できないというエラーになります。

もう1点、この例で新しいのがtf.global_variables_initializerですが、これはすべての変数を初期化する操作を表しています（リスト3.4 ❷）。変数を利用する場合は、セッションのはじめに必ず初期化しなければいけません。変数を指定して初期化するtf.initialize_variablesというメソッドもあるので、そちらを利用してもよいのですが、実際にはtf.global_variables_initializerを利用して、すべての変数を一括で初期化することが多いです。

プレースホルダー

プレースホルダーは、様々な値を受け付けることのできる「箱」のようなもので、tf.placeholderを使って定義します（リスト3.5 ❶）。値が未定な状態でグラフを構築し、実行時に具体的な値を指定することができます。

主に入力データの部分で利用します。

リスト3.5 プレースホルダーの例

In

```
import tensorflow as tf
```

```
a = tf.placeholder(dtype=tf.int32, name='a')  ❶
b = tf.constant(1, name='b')
c = a + b

with tf.Session() as sess:
    print('a + b =', sess.run(c, feed_dict={a: 1}))
```

Out

```
a + b = 2
```

● 演算

リスト3.1でも見た通り、定数、変数、プレースホルダーのほかに、足し算や掛け算といった演算もグラフのノードとして表現されます（リスト3.6）。

リスト3.6 演算の例

In

```
import tensorflow as tf


a = tf.constant(2, name='a')
b = tf.constant(3, name='b')
c = tf.add(a, b)  # a + b と等価
d = tf.multiply(a, b)  # a*b と等価

with tf.Session() as sess:
    print('a + b = ', sess.run(c))
    print('a * b = ', sess.run(d))
```

Out

```
a + b =  5
a * b =  6
```

3.3 多次元配列とテンソル

第1章で軽く触れた通り、TensorFlowでは、ベクトルや行列を一般化したテンソルを使って計算します。ここでは、TensorFlowを使ってどうやってテンソルを取り扱うのか、具体例を使って紹介します。

3.3.1 テンソル計算

ここまで紹介してきた処理は、すべて1や2などの単純な数値を対象としてきましたが、TensorFlowでは、ベクトルや行列といった多次元のデータも取り扱うことができます。

ここで、ベクトルは1次元の配列、行列は2次元の配列を表していると考えていただいてかまいません。また、配列ではない単なる数値のことを**スカラ**、スカラとベクトルや行列を含む多次元配列を総称して**テンソル**と呼びます（表3.1）。

表3.1 スカラ、ベクトル、行列、テンソル

名称	次元	具体例	数学表記例
スカラ	0	1	x
ベクトル	1	[1, 2, 3]	x_i
行列	2	[[1, 2], [3, 4]]	x_{ij}
テンソル	任意	[[[1, 2], [3, 4]], ...]	$x_{i \cdots j}$（次元の数だけ添字が並ぶ）

ベクトル演算

tf.constantやtf.Variableの引数に配列を指定することで、ベクトルを利用することができます（リスト3.7）。

リスト3.7 ベクトル演算の例

In

```
import tensorflow as tf
```

```
a = tf.constant([1, 2, 3], name='a')
b = tf.constant([4, 5, 6], name='b')
c = a + b

with tf.Session() as sess:
    print('a + b = ', sess.run(c))
```

Out

```
a + b =  [5 7 9]
```

● 行列演算

行列を利用するには、ベクトルと同様に2次元の配列を指定します（リスト3.8）。

リスト3.8 行列演算の例

In

```
import tensorflow as tf


a = tf.constant([[1, 2], [3, 4]], name='a')
b = tf.constant([[1], [2]], name='b')
c = tf.matmul(a, b)

print('shape of a: ', a.shape)
print('shape of b: ', b.shape)
print('shape of c: ', c.shape)

with tf.Session() as sess:
    print('a = \n', sess.run(a))
    print('b = \n', sess.run(b))
    print('c = \n', sess.run(c))
```

Out

```
shape of a:  (2, 2)
shape of b:  (2, 1)
shape of c:  (2, 1)
```

```
a =
 [[1 2]
 [3 4]]
b =
 [[1]
 [2]]
c =
 [[ 5]
 [11]]
```

リスト3.8 では、次式の計算を実行しています。

$$\begin{pmatrix} 1 & 2 \\ 3 & 4 \end{pmatrix} \begin{pmatrix} 1 \\ 2 \end{pmatrix} = \begin{pmatrix} 5 \\ 11 \end{pmatrix}$$

3次元以上の配列についても、同様に計算することができます。ベクトル演算や行列演算を含め、多次元配列同士の演算をまとめてテンソル演算と呼びます。

3.3.2 テンソル演算とプレースホルダー

tf.placeholderでテンソルを受け付けられるようにするには、shape引数を指定する必要があります。

テンソルの大きさ自体が決まっていない場合は、未知の次元方向についてNoneを指定します（リスト3.9）。

リスト3.9 テンソルのプレースホルダーと未知の次元

In

```
import tensorflow as tf


a = tf.placeholder(shape=(None, 2), dtype=tf.int32, name='a')

with tf.Session() as sess:
    print('-- [[1, 2]]を代入 --')
    print('a = ', sess.run(a, feed_dict={a: [[1, 2]]}))
    print('\n-- [[1, 2], [3, 4]]を代入 --')
```

```
    print('a = ', sess.run(a, feed_dict={a: [[1, 2], [3, 4]➡
]}))
```

Out

```
-- [[1, 2]]を代入 --
a =  [[1 2]]

-- [[1, 2], [3, 4]]を代入 --
a =  [[1 2]
 [3 4]]
```

3.4 セッションとSaver

ここでは、Saverによるファイルの書き出しや読み込みについて解説します。

3.4.1 セッションとSaverの利用方法

前節では、グラフの構成要素について紹介しました。中でも変数については、セッションごとに初期化が必要であることを紹介しました。そのため、あるセッションの中で変数を更新したとしても、別のセッションでは、変数の更新結果はセッションをまたいで引き継がれません（リスト3.10）。

このため、学習対象のパラメータを変数として定義すると、同一のセッションを維持している間しか、更新後、つまり学習後の結果を利用することができなくなってしまいます。そこで登場するのがSaverです。Saverを利用すると、変数の値をファイルに書き出したり、ファイルから読み込んだりすることができます。これにより、機械学習モデルを保存したり、別のプロセスで利用したりできるようになります（リスト3.11）。

リスト3.10 セッションが変わると、変数が初期化されてしまう

In

```
import tensorflow as tf


a = tf.Variable(1, name='a')
b = tf.assign(a, a + 1)

with tf.Session() as sess:
    sess.run(tf.global_variables_initializer())
    print('一回目 b = ', sess.run(b))
    print('二回目 b = ', sess.run(b))

# セッションが変わると元の値に戻ってしまう
with tf.Session() as sess:
    print('-- 新しいセッション --')
```

```
    sess.run(tf.global_variables_initializer())
    print('一回目 b = ', sess.run(b))
    print('二回目 b = ', sess.run(b))
```

Out

```
一回目 b =  2
二回目 b =  3
-- 新しいセッション --
一回目 b =  2
二回目 b =  3
```

リスト3.11 Saverによる変数の保存

In

```
import tensorflow as tf


a = tf.Variable(1, name='a')
b = tf.assign(a, a + 1)

saver = tf.train.Saver()
with tf.Session() as sess:
    sess.run(tf.global_variables_initializer())
    print(sess.run(b))
    print(sess.run(b))
    # 変数の値を model/model.ckpt に保存する
    saver.save(sess, 'model/model.ckpt')

# Saver を利用すると
saver = tf.train.Saver()
with tf.Session() as sess:
    sess.run(tf.global_variables_initializer())
    # model/model.ckpt から変数の値をリストアする
    saver.restore(sess, save_path='model/model.ckpt')
    print(sess.run(b))
    print(sess.run(b))
```

Out

```
2
3
INFO:tensorflow:Restoring parameters from model/model.➡
ckpt
4
5
```

3.5 TensorBoardによるグラフの可視化

ここでは、TensorFlowに付属するTensorBoardという可視化ツールの機能を紹介します。

3.5.1 グラフの可視化

前節までに構築したグラフは、TensorBoardというツールを使って可視化することができます。TensorBoardはTensorFlowに付属する、モデルの構造や学習の状況などを可視化するためのツールです。グラフ以外にも、損失の履歴やベクトルの埋め込みなど、いろいろなものを可視化することができますが、ここではグラフの可視化に絞って解説します。

3.5.2 サマリの書き出し

TensorBoardを用いて可視化するには、`tf.summary.FileWriter`を利用して、必要な情報を書き出さなければなりません。具体的なコードはリスト3.12のようになります。

リスト3.12 サマリの書き出し

In

```
import tensorflow as tf


LOG_DIR = './logs'

a = tf.constant(1, name='a')
b = tf.constant(1, name='b')
c = a + b

graph = tf.get_default_graph()
with tf.summary.FileWriter(LOG_DIR) as writer:
    writer.add_graph(graph)
```

このコードを実行したあとでLOG_DIR（logs）を覗いてみると、events.out.xxxといった名前のファイルが書き出されているのがわかります（図3.3）。

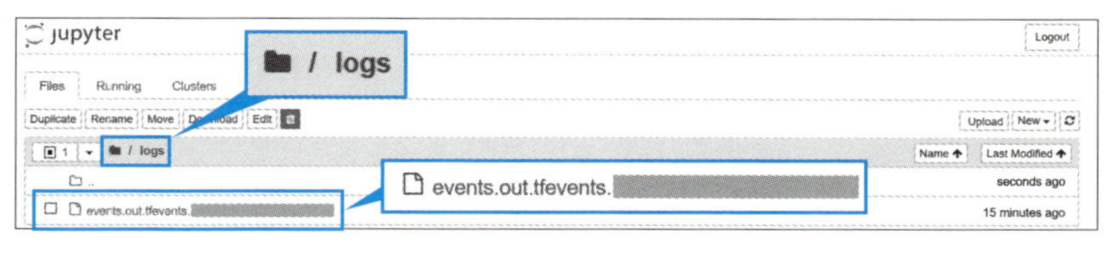

図3.3 tf.sumary.FileWriterの出力ディレクトリ

3.5.3 TensorBoardの起動と実行

必要な情報を書き出せたら、引数に先程の「logs」を指定して、TensorBoardを起動します。Anaconda Navigatorで仮想環境（「tensorflow」）の▶をクリックして［Open Terminal］を選択し、コマンドプロンプトを起動します。「activate <仮想環境名>」で仮想環境に移動して、以下のコマンドを実行します。

```
> tensorboard --logdir=logs
```

上記のコマンドを実行すると、URLが表示されます。そのURLにアクセスすると、図3.4のような画面が表示されると思います。ここに表示されているグラフが、今まで紹介してきたデータフローグラフです。

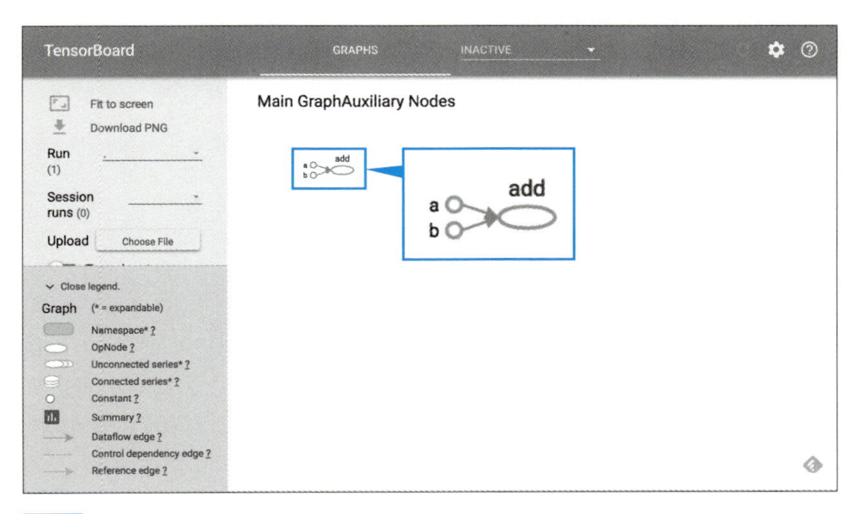

図3.4 TensorBoard

3.6 最適化と勾配法

本節では、機械学習・深層学習において、学習の肝となる最適化の基礎と、最適化手法の中でもよく使われてる勾配法について解説します。

3.6.1 深層学習と最適化

機械学習や深層学習において、学習とは、一般に予測の誤差を最小化・最適化することを指します。ここまでの解説で、データフローグラフの基本を押さえたところで、「最適化」という少し実践的な内容に移ります。

ここで言う最適化とは、与えられた関数を「最小」もしくは「最大」にするようなパラメータを見つけることです。

機械学習とは要するに「予測の誤差を最小にするパラメータを見つけること」と考えることもできるので、最適化は非常に重要な概念です。TensorFlowでは、「勾配法」と呼ばれる手法を使って関数を「最小化」するための便利な機能が備わっています。

3.6.2 勾配法（最急降下法）

勾配法とは、最適化問題において関数の勾配に関する情報を解の探索に用いるアルゴリズムの総称です。最もシンプルなものが**最急降下法**と呼ばれる手法で、具体的には以下の手続きを踏みます。

1. パラメータを適当な値で初期化
2. 与えられたパラメータにおける関数の傾き（勾配）を計算
3. 最も傾きの大きい方向に、パラメータを少しずらす
4. 2から3を繰り返す

最急降下法は、坂道をゆっくりと転がり落ちるボールをイメージするとわかりやすいと思います。最急降下法をゼロから実装しようとすると、2の勾配を計算する部分が非常に厄介ですが、TensorFlowでは、2と3のための便利な仕組みが用意されています。

リスト3.13は、2次関数$y=(x-1)^2$を最小化するxを見つけ出すコードです。

リスト3.13 最急降下法による2次関数の最小化

In

```
import tensorflow as tf


# パラメータは変数として定義                    ❶
x = tf.Variable(0., name='x')
# パラメータを使って最小化したい関数を定義      ❷
func = (x - 1)**2

# learning_rate は一度にずらす大きさを決める    ❸
optimizer = tf.train.GradientDescentOptimizer(
    learning_rate=0.1
)
# train_step が x を少しずらす操作を表す        ❹
train_step = optimizer.minimize(func)

# train_step を繰り返し実行する                 ❺
with tf.Session() as sess:
    sess.run(tf.global_variables_initializer())
    for i in range(20):
        sess.run(train_step)
    print('x = ', sess.run(x))
```

Out

```
x =  0.98847073
```

リスト3.13を詳しく見ていきましょう。まず、リスト3.13❶でパラメータxを変数として定義します。次に、xを使って最小化したい関数funcを定義します（リスト3.13❷）。

tf.train.GradientDescentOptimizerが最急降下法によるパラメータの更新を担当します（リスト3.13❸）。minimizeメソッドの引数にfuncを指定することで、パラメータxを少しずらす操作train_stepを得ることができます（リスト3.13❹）。

あとはforループを使ってtrain_stepを繰り返し実行すれば、最小化処理の完了です（リスト3.13❺）。

この例では、初期値として$x=0$を与えていますが、train_stepを20回ほど繰り返すことで、最適なパラメータ$x=1$に非常に近い値$x=0.98847073$が得られています。図3.5では、xが徐々に1に近づいている様子が図示されています。

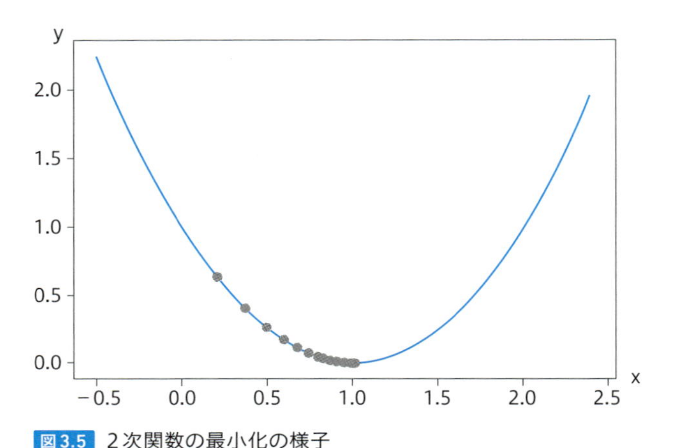

図3.5 2次関数の最小化の様子

3.6.3 勾配法の機械学習への適用

さて、勾配法を使って、どのように機械学習モデルを構築するのでしょうか？

ここで、非常に簡単な例を使って説明します。使うのはBoston house-pricesデータセットです。

Boston house-pricesデータセットには、住宅の部屋数や高速道路へのアクセスのしやすさといった13個の変数（説明変数）と、それに対応する住宅価格（中央値）が506個分含まれています。この13個の変数を受け取り、住宅価格の推定値を出力する関数を学習してみましょう（図3.6）。この関数のことをモデル（機械学習モデル）と呼びます。

図3.6 13個の変数から住宅価格を推定する関数を学習する

3.6.4 データセットの準備

Boston house-pricesデータセットは非常に有名なデータセットの1つで、TensorFlowに含まれるKerasには、このデータセットを簡単にダウンロードできる関数が用意されています。そのため、TensorFlowがインストールされていれば、簡単にダウンロードして利用することができます（リスト3.14）。

リスト3.14 Boston house-pricesデータセットのダウンロード

In

```
(x_train, y_train), (x_test, y_test) = tf.keras.➡
datasets.boston_housing.load_data()
```

TensorFlow 1.5のtf.kerasにはバグがあり、リスト3.14のコードはエラーになりますが、もう1つのKerasの実装を使うことでダウンロードすることができます（TensorFlow 1.4.xやTensorFlow 1.6.xでは、エラーとならずに正常にダウンロードできます）。

具体的には、Anaconda Navigatorで仮想環境（「tensorflow」）の▶をクリックして［Open Terminal］を選択し、コマンドプロンプトを起動します。「activate <仮想環境名>」で仮想環境に移動して、以下のコマンドを実行して、Kerasをインストールします。次にJupyter Notebookを立ち上げ、リスト3.15でKerasをインポートします。

```
> pip install keras
```

リスト3.15 Kerasのインポート

In

```
import keras


(x_train, y_train), (x_test, y_test) = keras.datasets.➡
boston_housing.load_data()
```

x_trainおよびy_trainは、学習用に用いるデータ（学習データ）、x_testおよびy_testは精度の評価用に用いるデータ（テストデータ）です（図3.7）。

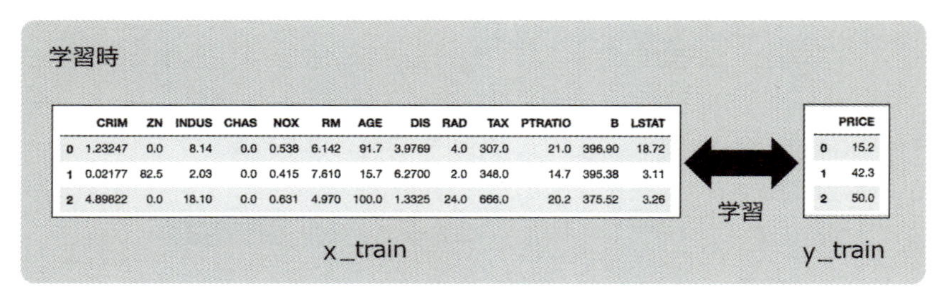

	CRIM	ZN	INDUS	CHAS	NOX	RM	AGE	DIS	RAD	TAX	PTRATIO	B	LSTAT
0	1.23247	0.0	8.14	0.0	0.538	6.142	91.7	3.9769	4.0	307.0	21.0	396.90	18.72
1	0.02177	82.5	2.03	0.0	0.415	7.610	15.7	6.2700	2.0	348.0	14.7	395.38	3.11
2	4.89822	0.0	18.10	0.0	0.631	4.970	100.0	1.3325	24.0	666.0	20.2	375.52	3.26

	PRICE
0	15.2
1	42.3
2	50.0

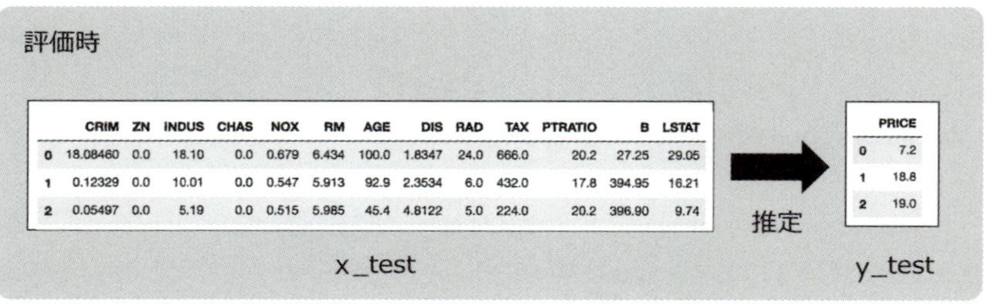

	CRIM	ZN	INDUS	CHAS	NOX	RM	AGE	DIS	RAD	TAX	PTRATIO	B	LSTAT
0	18.08460	0.0	18.10	0.0	0.679	6.434	100.0	1.8347	24.0	666.0	20.2	27.25	29.05
1	0.12329	0.0	10.01	0.0	0.547	5.913	92.9	2.3534	6.0	432.0	17.8	394.95	16.21
2	0.05497	0.0	5.19	0.0	0.515	5.985	45.4	4.8122	5.0	224.0	20.2	396.90	9.74

	PRICE
0	7.2
1	18.8
2	19.0

図3.7 x_trainとy_train

それでは、リスト3.16を実行してデータの概要をつかんでみましょう ATTENTION参照。y_trainをヒストグラムにすると図3.8のようになります。20.0（$20,000）あたりが最も多く、最大値は50.0（$50,000）のようです。

リスト3.16 ヒストグラムを表示

In

```
#matplotlibのグラフをインラインで表示する
%matplotlib inline

import matplotlib.pyplot as plt



plt.rcParams['font.size'] = 10*3
plt.rcParams['figure.figsize'] = [18, 12]
plt.rcParams['font.family'] = ['IPAexGothic']

plt.hist(y_train, bins=20)
plt.xlabel('住宅価格($1,000単位)')
plt.ylabel('データ数')
plt.show()
plt.plot(x_train[:, 5], y_train, 'o')
```

```
plt.xlabel('部屋数')
plt.ylabel('住宅価格($1,000単位)')
```

Out

```
# 図3.8、3.9を参照
```

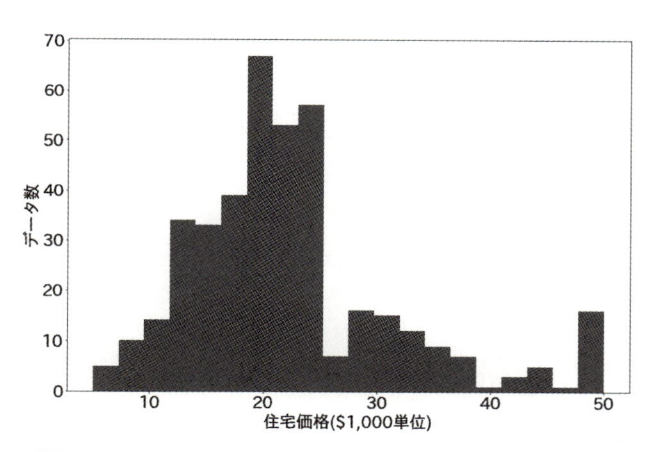

図3.8 住宅価格の分布

次に部屋数と住宅価格の関係を見てみましょう（図3.9）。部屋数が増えるほど価格が上がっているのが見てとれます。

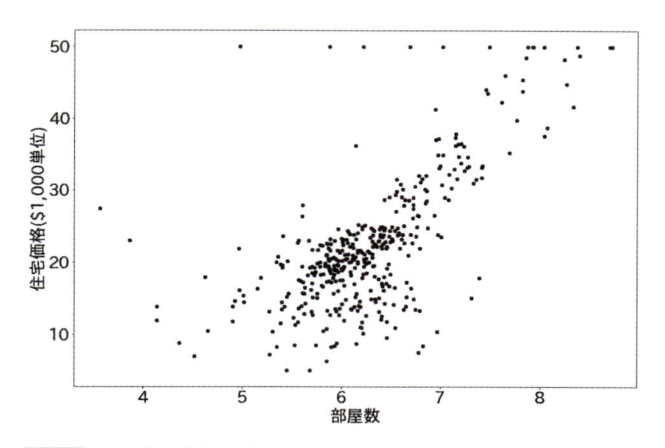

図3.9 部屋数と住宅価格の関係

ATTENTION

matplotlibの文字化け対策

本書の環境（Windows 10、Anaconda 5.0.1）で、matplotlibを用いて日本語を表示すると、文字化けします。以下の手順で文字化けを回避することができます。

- **手順1** 独立行政法人情報処理推進機構の「IPAexフォント/IPAフォントダウンロード」のページからIPAexフォント（IPAexfont00201.zip）をダウンロードします。

  URL https://ipafont.ipa.go.jp/old/

- **手順2** ダウンロードしたIPAexfont00201.zipを解凍します。解凍したipaexg.ttfとipaexm.ttfを以下の2つのディレクトリ直下にコピーします。

```
C:¥Windows¥Fonts
```

```
C:¥ユーザー¥（ユーザー名）¥Anaconda3¥Lib¥➡
site-packages¥matplotlib¥mpl-data¥fonts¥ttf
```

- **手順3** C:¥ユーザー¥（ユーザー名）¥Anaconda3¥Lib¥site-packages¥matplotlib¥mpl-dataにあるmatplotlibrcを.matplotlibフォルダにコピーします。

```
C:¥ユーザー¥（ユーザー名）¥.matplotlib¥matplotlibrc
```

- **手順4** コピーしたmatplotlibrcをエディタで開き、201行目あたりにある「#font.family   : sans-serif」の下に以下のフォントの記述を追加します。

```
#font.family          : IPAexGothic
```

- **手順5** 「.matplotlib」フォルダにfontList.py3k.cacheやfontList.cacheがあれば、削除します。
- **手順6** Jupyter Notebookを再起動して、日本語が表示されることを確認します。

なお、この手順は以下のサイトを参考にしています。

出典 「Estuarine and Coastal Engieering, Coastal Environment 海岸工学 環境水工学 沿岸環境 水環境 国際開発学」

URL http://estuarine.jp/2017/07/windows_matplotlib-jpn/

3.6.5 データの前処理

機械学習モデルを構築する前に、データの標準化をしておきましょう。

具体的には、リスト3.17のように、各変数ごとに平均値を引いて標準偏差（ばらつきの大きさを表す指標）で割ります。図3.10は標準化後の部屋数と住宅価格の関係を表したものです。図3.9とほとんど同じに見えますが、x軸とy軸のスケールが違うことに注意してください。こうすることで、データが原点付近に集まり、学習やパラメータの調整がしやすくなります。

リスト3.17 データの標準化

In

```
x_train_mean = x_train.mean(axis=0)
x_train_std = x_train.std(axis=0)
y_train_mean = y_train.mean()
y_train_std = y_train.std()

x_train = (x_train - x_train_mean)/x_train_std
y_train = (y_train - y_train_mean)/y_train_std
# x_test に対しても x_train_mean と x_train_std を使う
x_test = (x_test - x_train_mean)/x_train_std
# y_test に対しても y_train_mean と y_train_std を使う
y_test = (y_test - y_train_mean)/y_train_std


plt.plot(x_train[:, 5], y_train, 'o')
plt.xlabel('部屋数(標準化後)')
plt.ylabel('住宅価格(標準化後)')
```

Out

```
#図3.10を参照
```

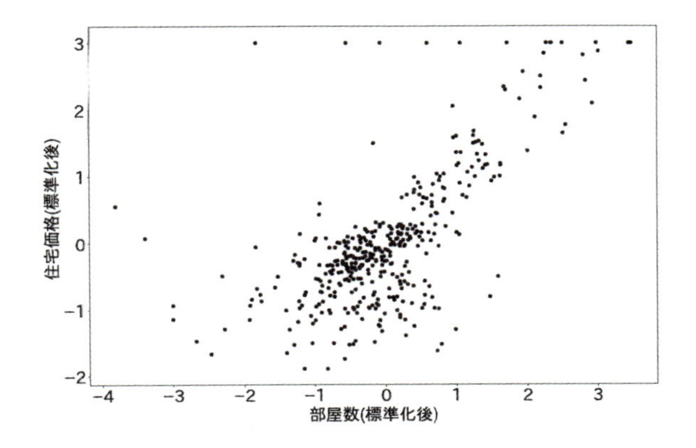

図3.10
標準化後の部屋数と住宅価格の関係

3.6.6　モデルの定義

次に、モデルを定義します。このモデルを複雑にすればするほど表現力が上がりますが、ここではシンプルに「各説明変数を重み付きで足し合わせたもの」で住宅価格を推定することにします（リスト3.18）。重みの初期値は、1未満のランダムな値としておきます。

前述の通り、機械学習では誤差を最小化するようにパラメータを学習します。ここでは、変数wがパラメータで、predが予測結果を表すテンソル、つまりモデルです。

リスト3.18　住宅価格を推定するモデル

In

```
# 説明変数用のプレースホルダー
x = tf.placeholder(tf.float32, (None, 13), name='x')
# 正解データ（住宅価格）用のプレースホルダー
y = tf.placeholder(tf.float32, (None, 1), name='y')

# 説明変数を重み w で足し合わせただけの簡単なモデル
w = tf.Variable(tf.random_normal((13, 1)))
pred = tf.matmul(x, w)
```

3.6.7　損失関数の定義と学習

モデルを定義できたら、次は最適化です。前述の通り、機械学習では誤差を最小化するようにパラメータを学習します。最小化したい関数のことを目的関数、もしくは損失関数と呼びます。

ここでは、実測値と推定値の差の二乗の平均を表す最小二乗誤差（MSE：Mean Squared Error）を損失関数としています。最適化のステップはtf.train.GradientDescentOptimizerを使って定義します（リスト3.19）。

リスト3.19　誤差の定義とtrain_stepの定義

In

```
# 実測値と推定値の差の二乗の平均を誤差とする
loss = tf.reduce_mean((y - pred)**2)
optimizer = tf.train.GradientDescentOptimizer(
    learning_rate=0.1
```

```
)
train_step = optimizer.minimize(loss)
```

最後にtrain_stepを使って最適化のループを回します（リスト3.20）。先程定義したプレースホルダーのxとyに、標準化したx_trainとy_trainを代入しています（図3.11）。

リスト3.20 学習のループ

In

```
with tf.Session() as sess:
    sess.run(tf.global_variables_initializer())
    for step in range(100):
        # train_step が None を返すので、_ で受けておく
        train_loss, _ = sess.run(
            [loss, train_step],
            feed_dict={
                x: x_train,
                # y_trainとyの次元を揃えるためにreshapeが必要
                y: y_train.reshape((-1, 1))
            }
        )
        print('step: {}, train_loss: {}'.format(
            step, train_loss
        ))

    # 学習が終わったら、評価用データに対して予測してみる
    pred_ = sess.run(
        pred,
        feed_dict={
            x: x_test
        }
    )
```

Out

```
step: 0, train_loss: 5.248872756958008
step: 1, train_loss: 3.0286526679992676
step: 2, train_loss: 1.9476243257522583
step: 3, train_loss: 1.3380894660949707
```

```
step: 4, train_loss: 0.9813637137413025
step: 5, train_loss: 0.7663870453834534
step: 6, train_loss: 0.6325927972793579
...
(略)
```

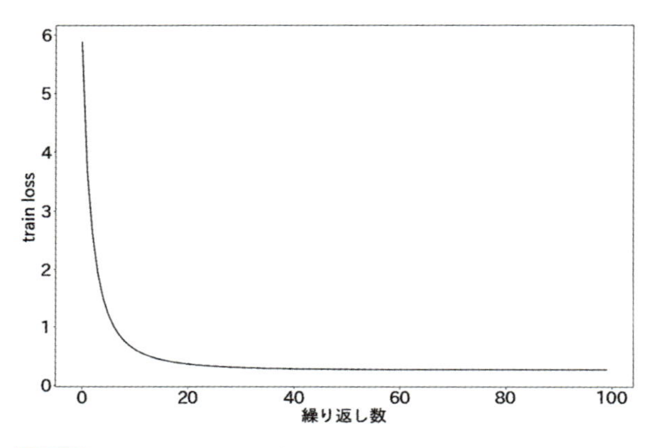

図3.11 繰り返し数と学習データに対する誤差の関係

評価用のデータに対して推定した結果と、実データをプロットすると図3.12のようになります[※1]。ここでは定量的な評価は割愛しますが、実データと予測値が

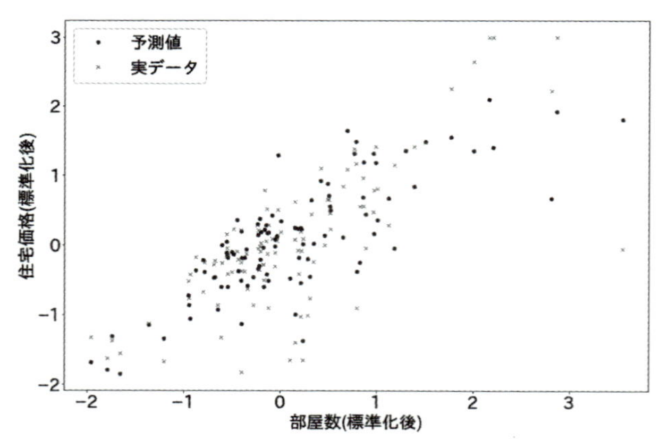

図3.12 評価用データに対する実測値と推定値

※1 図3.12をプロットするコードはダウンロードサンプルで確認してください。

よく似た傾向を示しており、「きちんと学習できていそうだ」ということがわかるかと思います。

3.6.8 確率的勾配降下法とミニバッチ

ここまでで、最急降下法を使って簡単な機械学習モデルを学習することができました。今回利用したデータセットは、データ数が高々506という小さなものだったので、すべてのデータを一度にメモリ上に展開し、最適化を実行してきました。しかし、実際の現場では、数十万～数百万ものデータを取り扱うことがよくあります。また、次章以降で詳細を取り扱う深層学習には、一般に大量のデータが必要だと言われています。そういった場合には、最急降下法のオンライン版のアルゴリズムである確率的勾配降下法（Stochastic Gradient Descent, SGD）を利用します。SGDでは、データすべてを一度に使うのではなく、「ミニバッチ」と呼ばれる塊に分割して学習します MEMO参照。ミニバッチに分割することで、データが大量でも対応できるだけでなく、挙動が確率的になり、局所解に陥りづらくなるといったメリットもあるため、実際にはデータが大量でなかったとしてもSGD（もしくはSGDの派生型）を利用するのが一般的です。

MEMO

ミニバッチ学習

データ全体を一度に取り扱うバッチ学習との対比で、データを適当な大きさの塊（ミニバッチ）に分割して学習する方法をミニバッチ学習と呼ぶ。学習に必要なメモリのサイズが少なくてすむことに加え、挙動が確率的になるため、局所解に陥りにくいというメリットもある。

リスト3.21は、データ全体をシャッフルしたあとでミニバッチに分割し、1つずつ返すジェネレータです。このジェネレータを使って、SGDによる最適化処理はリスト3.22のように書けます。

ミニバッチ1つを処理するのが1イテレーション、イテレーションを繰り返してデータ全体を処理するのが「1エポック」と呼ばれます。エポック数と学習データ（ミニバッチ）に対する誤差の関係は図3.13のようになります。

リスト3.21 ミニバッチを1つずつ返すジェネレータ

In

```
import numpy as np


def get_batches(x, y, batch_size):
    n_data = len(x)
    indices = np.arange(n_data)
    np.random.shuffle(indices)
    x_shuffled = x[indices]
    y_shuffled = y[indices]

    # 元データからランダムに batch_size 個ずつ抽出する
    for i in range(0, n_data, batch_size):
        x_batch = x_shuffled[i: i + batch_size]
        y_batch = y_shuffled[i: i + batch_size]
        yield x_batch, y_batch
```

リスト3.22 ミニバッチを用いた学習

In

```
# ミニバッチのサイズ
BATCH_SIZE = 32

step = 0
with tf.Session() as sess:
    sess.run(tf.global_variables_initializer())
    # 100エポック回す
    for epoch in range(100):
        for x_batch, y_batch in get_batches(x_train, ➡
y_train, 32):
            train_loss, _ = sess.run(
                [loss, train_step],
                feed_dict={
                    x: x_batch,
                    y: y_batch.reshape((-1, 1))
                }
            )
```

```
            print('step: {}, train_loss: {}'.format(
                step, train_loss
            ))
            step += 1

    pred_ = sess.run(
        pred,
        feed_dict={
            x: x_test
        }
    )
```

Out

```
step: 0, train_loss: 16.340198516845703
step: 1, train_loss: 11.703472137451172
step: 2, train_loss: 4.277811527252197
step: 3, train_loss: 2.762151002883911
step: 4, train_loss: 4.628233909606934
step: 5, train_loss: 1.7084436416625977
step: 6, train_loss: 2.512876510620117
(略)
```

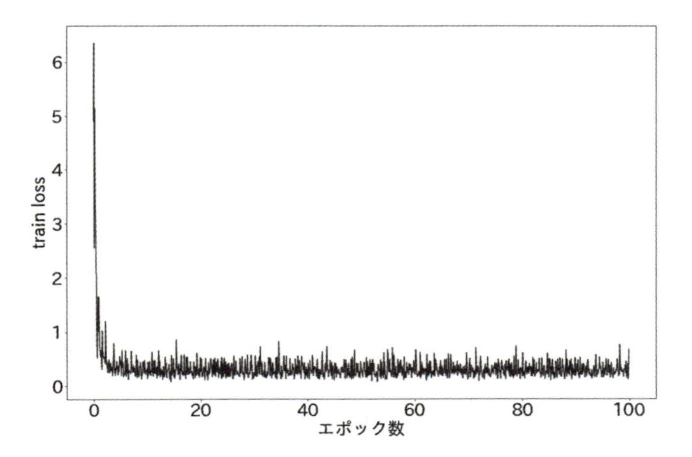

図3.13 エポック数と学習データ（ミニバッチ）に対する誤差の関係

3.7 まとめ

本章で解説した内容をまとめました。

3.7.1 TensorFlowの基本について

少し駆け足になりましたが、本章ではTensorFlowの基本的な概念から、機械学習での利用方法までを紹介しました。

ここで取り上げたのは非常にシンプルなものでしたが、モデルを複雑にして、高度なアルゴリズムを構築することも可能です。ただし、この章で示したモデルのようにシンプルなものであっても、学習のステップを1から書く場合は、かなりのコード量が必要になります。より複雑なモデルを構築するには、より多くのコードが必要になります。

次章以降で紹介する深層学習モデルはますます複雑になっているという事情もあり、そういった高度なアルゴリズムも少ないコード量で記述できる、高レベルAPIと呼ばれる機能がTensorFlowには備わっています。

次章では、本章でも触れた高レベルAPIの1つであるKerasについて詳しく紹介します。

CHAPTER 4

ニューラルネットワークとKeras

本章では、順伝播型ニューラルネットワークと呼ばれる、ニューラルネットワークの基本的な形のアーキテクチャをKerasで簡単に実装する方法について説明します。

4.1 パーセプトロンとシグモイドニューロン

本節では0か1のどちらかに分類を行う、ニューラルネットワークの最も基本的な形であるパーセプトロン、パーセプトロンを拡張したシグモイドニューロンを紹介していきます。

4.1.1 パーセプトロンとは

様々あるニューラルネットワークの中でも最も基本的なものは、パーセプトロンと呼ばれるものです。パーセプトロンは 図4.1 のように複数の入力から単一の値を出力します。

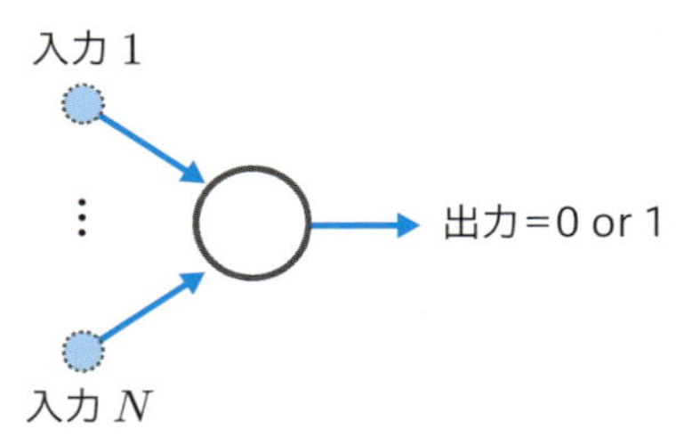

図4.1 パーセプトロン

これは、「入力を重み付きで足し合わせたもの」が適当な閾値 MEMO参照 以上であれば1を、そうでなければ0を出力するものです。このように閾値を境にして出力する値が異なる関数をステップ関数（図4.2）と呼びます。

図4.2 ステップ関数

MEMO

閾値（いきち）

閾値とは、境目となる値のこと。ステップ関数では、この値を境に出力が0または1となる。

パーセプトロンでは 図4.3 のように線形分離可能な問題に対して、正しく表現することができます。線形分離可能とは 図4.3 のように2種類の点（白色と灰色の点）が直線で分けられることを言います。

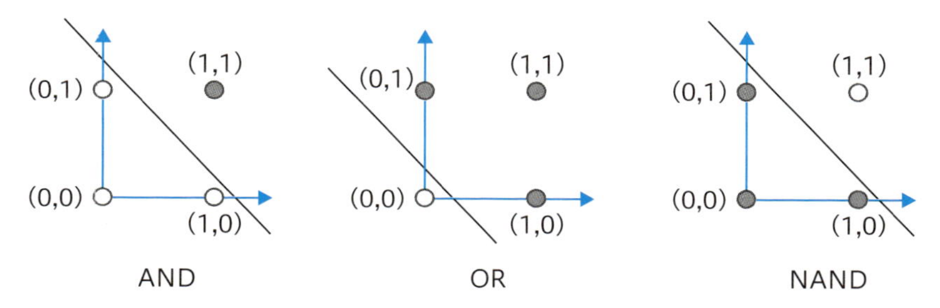

図4.3 線形分離可能な問題の例（AND/OR/NAND）

その一方で、線形分離不可能な問題に対してはうまく表現することができません。線形分離不可能な問題の単純な例として、XOR問題を取り上げてみましょう（表4.1）。XOR問題とは、表のaとbからa XOR bを推定する問題のことです。ここでのXORとは、2つの入力のうち片方のみが1であるときのみ出力が1となり、両方1や両方0の場合は0となるものを指します。

表4.1 XOR問題

a	b	a XOR b
1	1	0
1	0	1
0	1	1
0	0	0

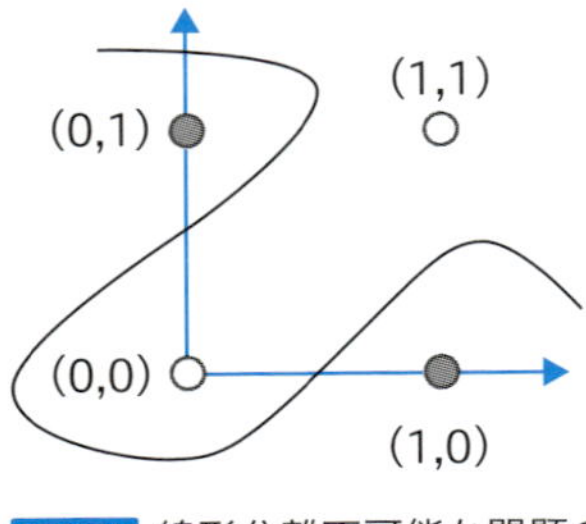

図4.4 線形分離不可能な問題の例（XOR）

図4.4のように、●と○を直線では分離することができません。このことから、XOR問題を表現するためには単一のパーセプトロンでは難しいことがわかりました。しかし、図4.5のように複数のパーセプトロンをつなぎ合わせることでXORを表現することが可能です。ここでのANDとは両方の入力が1の場合に1、それ以外の場合に0を出力するもので、NANDはANDの逆で両方の入力が1の場合に0、それ以外の場合には1を出力するものです。またORはいずれかの入力が1の場合に1、それ以外の場合に0を出力するものです。

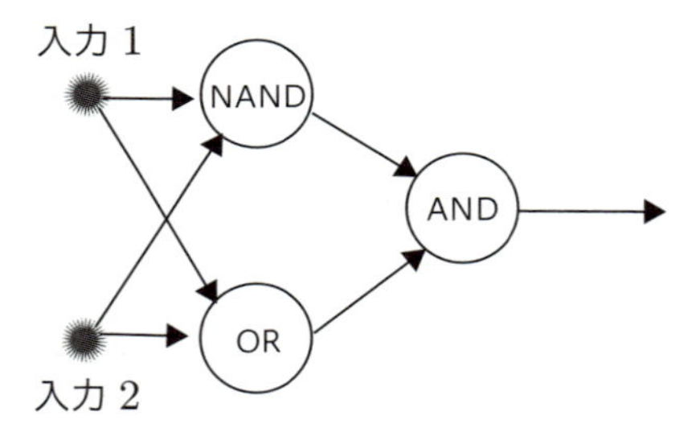

図4.5 パーセプトロンの結合図（XOR）

図4.5において、例えば入力1が1で入力2が0の場合、NANDの出力は1であり、ORの出力は1になるので全体の出力は1になります。その他の入力の組み合わせについても表4.1の通りになることがわかります。つまり、パーセプトロンをつなげることで線形分類不可能な問題であっても、表現できることがわかりました。このように複数のパーセプトロンを組み合わせたものを**多層パーセプトロン**（MLP：Multi Layer Perceptron）と呼びます。

4.1.2 シグモイドニューロン

パーセプトロンでは、0か1を出力する非連続な関数、ステップ関数を使用していました。

しかし、勾配法を使って学習するためには、関数が滑らかでないといけないため、パーセプトロンでは学習ができません。そこで、ステップ関数の代わりに滑らかな関数であるシグモイド関数（図4.6）を用いたシグモイドニューロン（図4.7）が考案されました。

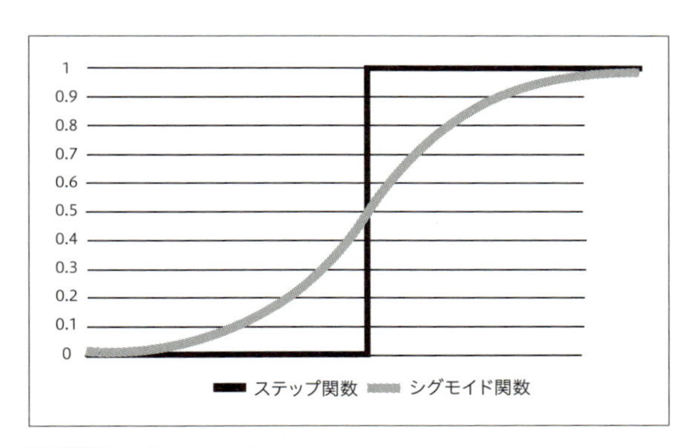

図4.6 シグモイド関数

ステップ関数やシグモイド関数は活性化関数と呼ばれます。図4.6からわかるように、シグモイド関数は入力を重み付きで足したものが大きいか、または小さい値をとる場合はステップ関数とほとんど同様の値をとりますが、ステップ関数と異なり滑らかに変化するため、勾配法を適用することが可能であり、ニューラルネットワークの活性化関数として使われることがあります。

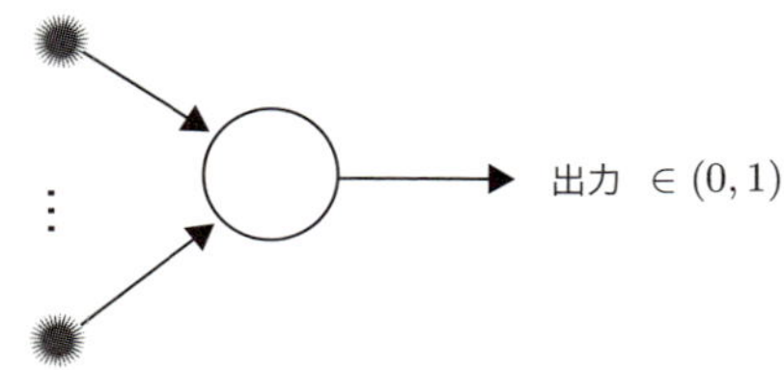

図4.7 シグモイドニューロン

4.2 順伝播型ニューラルネットワークとKerasによる実装

前節ではニューラルネットワークを考える上で元となったパーセプトロンやシグモイドニューロンについて紹介しました。本節では、順伝播型ニューラルネットワークをKerasで実装する方法について紹介します。

4.2.1 順伝播型ニューラルネットワーク

前節ではニューラルネットワークの基本的な考え方となるパーセプトロンやシグモイドニューロンについて紹介しました。本節では、それらを包含するようなニューラルネットワークとして順伝播型ニューラルネットワークについて説明します。

順伝播型ニューラルネットワークとはニューロンが層のように並び、隣接する層の間のみ結合するようなネットワークのことです。入力されたデータは順方向にのみ伝播し、前の層に戻ることはありません（図4.8）。一番目の層のことを入力層、最後の層のことを出力層、これらの間にある層のことを中間層などと呼びます。

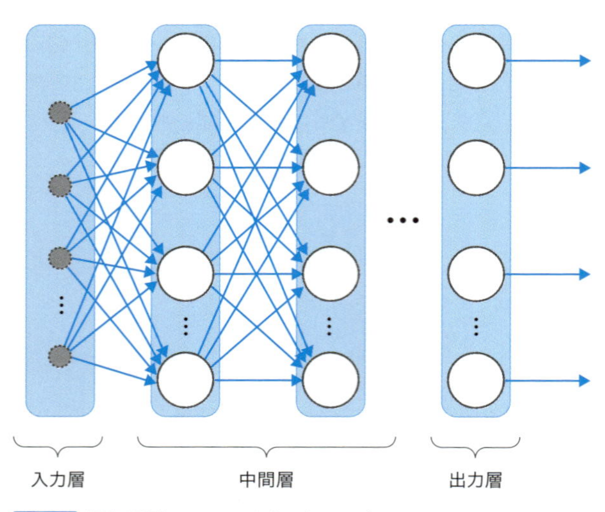

図4.8 順伝播型ニューラルネットワーク

各ニューロンは複数の入力を受け取り、それらを重みを付けて足し合わせ、バイアス項（切片）を加えたものに活性化関数を用いて変換した値を出力します。

先程のパーセプトロンやシグモイドニューロンは、活性化関数が0または1のステップ関数かシグモイド関数の場合のことを指しており、順伝播型ニューラルネットワークの特別なものと言えます。

4.2.2　Kerasを使った実装

それでは、順伝播型ニューラルネットワークを実装してみましょう。実装には、TensorFlowの高レベルAPIであるKerasを利用します。

MNISTデータのインポート

ここでは「MNIST」と呼ばれる手書き文字認識のためのデータセットを使用します。これは28 × 28ピクセルの0から9の数字が書かれた手書き文字70000文字からなるデータセットです。各ピクセルは灰色の濃淡を表す0から255の値を取り、0、255はそれぞれ黒、白を表します。TensorFlowには、あらかじめMNISTのデータセットを取り扱うモジュールが用意されているので、簡単にデータをダウンロードすることができます（リスト4.1）。

リスト4.1　データのインポート

In

```
from tensorflow.python.keras.datasets import mnist


(x_train, y_train), (x_test, y_test) = mnist.load_data()
```

機械学習では目的の1つに、手元にあるデータではなく、未知のデータに対して当てはまるモデルを学習するということがあります。そのために、データを学習用と評価用に分け、モデルの構築は学習用データを用いて行い、モデルの評価は評価用データを用いて行います。

リスト4.1において、`x_train`および`y_train`は学習用データであり、`x_test`および`y_test`は評価用データとして使用します。

ダウンロードしたデータは、リスト4.2のような構造になっています。

リスト4.2 インポートしたデータの形

In

```
# インポートしたデータの形を確認
print('x_train.shape:', x_train.shape)
print('x_test.shape:', x_test.shape)
print('y_train.shape:', y_train.shape)
print('y_test.shape:', y_test.shape)
```

Out

```
x_train.shape: (60000, 28, 28)
x_test.shape: (10000, 28, 28)
y_train.shape: (60000,)
y_test.shape: (10000,)
```

次に入力データをネットワークに当てはまるように変形していきます。ここでは、2次元に変形したあとに、`float`型に変換し、0から1の間の値を取るようにスケール変換をします。（図4.9、リスト4.3）

リスト4.3 インポートしたデータのスケール変換

In

```
x_train = x_train.reshape(60000, 784)
x_train = x_train/255.
x_test = x_test.reshape(10000, 784)
x_test = x_test/255.
```

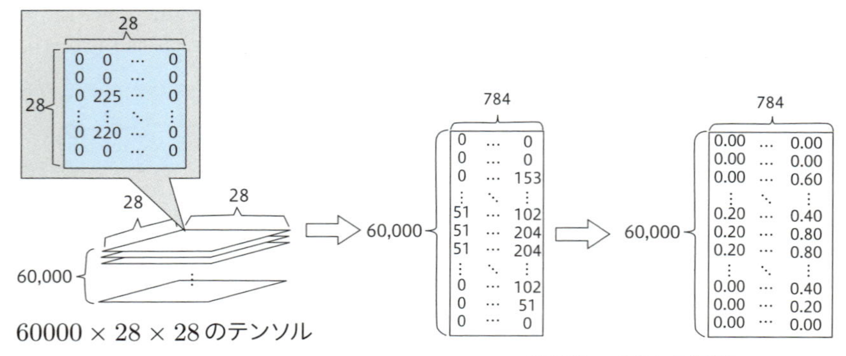

図4.9 60000 × 28 × 28のテンソルであるx_train（図左）を60000 × 784の行列に変形したのち（図中央）、0から1の値をとるようにスケール変換する（図右）

リスト4.4 インポートしたデータ（クラスラベル）をネットワークに対応するように変形する

In

```
from tensorflow.python.keras.utils import to_categorical


y_train = to_categorical(y_train, 10)
y_test = to_categorical(y_test, 10)
```

1
5
2
1
0
⋮
0
4
4
0
8

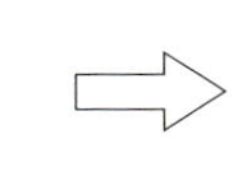

0	1	0	0	0	0	0	0	0	0
0	0	0	0	0	1	0	0	0	0
0	0	1	0	0	0	0	0	0	0
0	1	0	0	0	0	0	0	0	0
1	0	0	0	0	0	0	0	0	0
⋮	⋮	⋮	⋮	⋮	⋮	⋮	⋮	⋮	⋮
1	0	0	0	0	0	0	0	0	0
0	0	0	0	1	0	0	0	0	0
0	0	0	0	1	0	0	0	0	0
1	0	0	0	0	0	0	0	0	0
0	0	0	0	0	0	0	0	1	0

60000個の要素を持つベクトル　　60000 × 10の行列

図4.10 y_trainを1-hot表現した際の例

クラスのラベルが入っている`y_train`、`y_test`に関しても、ネットワークに対応するように変形をします。具体的には、整数で格納されているクラスのラベルを、どれか1つが1でその他が0になっているベクトルに変換します（**図4.10**）。このベクトルを「1-hotベクトル」と呼びます。

Kerasでは、よく使用するような関数がutilsモジュールの中に入っています。

`to_categorical`メソッドを用いて、ラベルの数字が入っていたベクトルを、1-hotベクトルに変換します（**リスト4.4**）。

● ネットワークの構築

Kerasでは、モデルの構築方法として、Sequential APIを用いる方法、Functional APIを用いる方法があります。

複雑なモデルを構築する際に便利なFunctional APIは次節で紹介します。

まずは、Sequential APIを用いて、多層ニューラルネットワークを構築してみましょう（**リスト4.5**）。

リスト4.5 モデル構築の準備

In

```
from tensorflow.python.keras.models import Sequential


model = Sequential()
```

MEMO

Sequential API

Kerasでモデルを構築する手法の1つ。Sequential APIでは、用意されているレイヤーをaddメソッドで追加していくだけで、簡単にモデルが構築できる。

続いて、Denseレイヤーを用いて、全結合層を追加してみましょう。全結合層とは、すべての入力がすべてのニューロンと結合している層のことです。例えば 図4.8 の各層は、まさに全結合層になっています。入力を重み付けして、足し合わせます。Kerasでは、Sequential APIのaddメソッドを使って中間層を追加していきます（リスト4.6）。

リスト4.6 中間層の追加

In

```
from tensorflow.python.keras.layers import Dense


model.add(
    Dense(
        units=64,
        input_shape=(784,),
        activation='relu'
    )
)
```

Denseレイヤーでは、`units`にニューロンの数（出力次元）、`input_shape`に入力されるテンソルの形、`activation`には活性化関数の種類を指定します（図4.11）。

リスト4.6 では出力次元は64、入力されるテンソルの形はMNISTデータに合わせて、`(784, )`と指定しています。

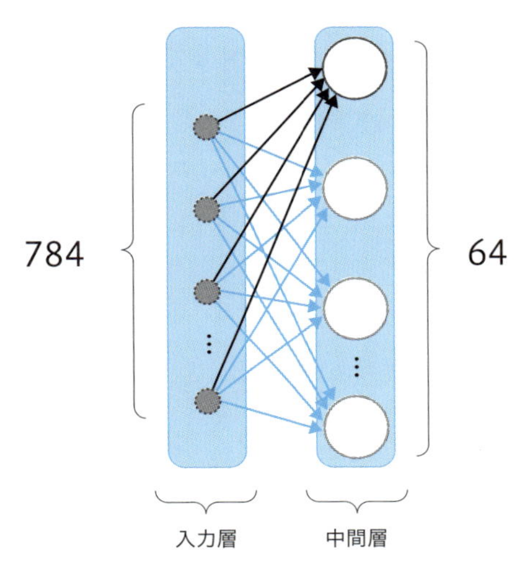

図4.11 リスト4.6で構築するネットワークのイメージ図

`activation`は、それぞれのユニットの出力に活性化関数を適用します。ここで指定した`relu`は図4.12のような形をしています。従来はシグモイド関数を利用していましたが、ReLU関数を使用することで収束が早くなる場合があることが知られているので、最近ではReLU関数を使うことが多いです。

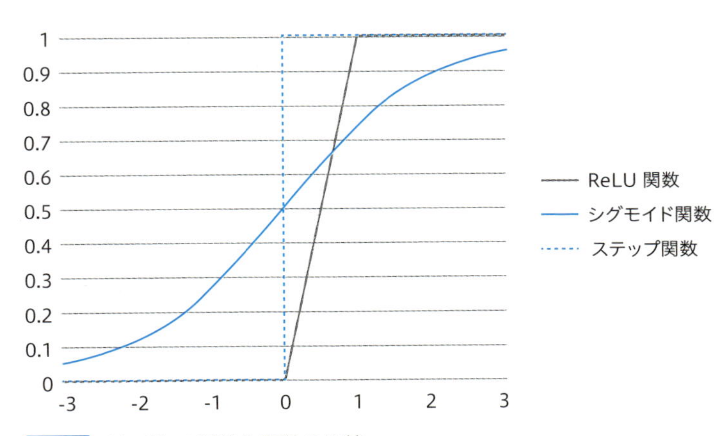

図4.12 それぞれの活性化関数の比較

最後にDenseレイヤーをもう1層加えることで、出力層を追加します(リスト4.7)。MNISTデータは0から9の数字のいずれかのラベルを持つ10クラス分類だったので、モデルの出力次元を10と指定しています。

1層目では入力されるテンソルの形として`input_shape`を指定していましたが、2層目以降では、Kerasが`input_shape`を自動で計算してくれるため、省略することができます（図4.13）。

リスト4.7 出力層の追加

In

```
model.add(
    Dense(
        units=10,
        activation='softmax'
    )
)
```

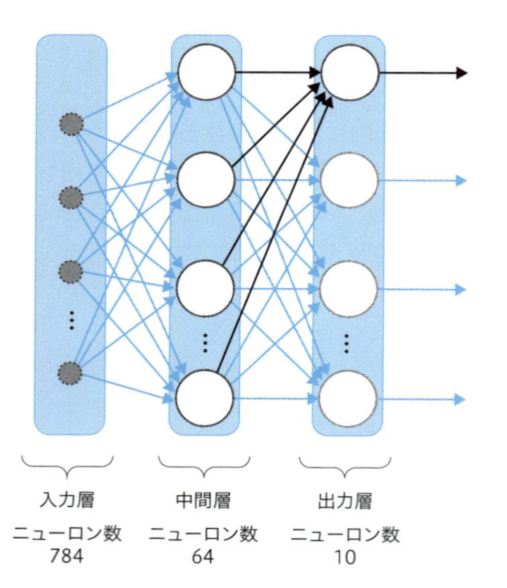

図4.13 Dense（出力層）の追加

MEMO

softmax関数

シグモイド関数を多出力に拡張したもので、主に多クラス分類問題の活性化関数として利用される。softmax関数は各出力値を[0, 1]の範囲に収め、かつ出力値の和が1になるように、指数関数を使って入力値を正規化する。

3.6.7「損失関数の定義と学習」では損失関数に、実データと推定値の差の二乗の平均であるMSEを用いていましたが、MNISTなどの分類問題では「交差エントロピー」MEMO参照がよく用いられます。

MEMO

交差エントロピー

交差エントロピーとは2つの確率分布の間に定義される尺度。分類問題では、この値が小さくなるように学習する。
Kerasでは2値分類のとき、`binary_crossentropy`を、多値分類のとき、`categorical_crossentropy`を指定することができる。

4.2.3　構築したモデルの学習

3.6.8節ではSGDという最適化アルゴリズムで学習を行っていました。Kerasでは`optimizer`の引数を変更するだけで、簡単に最適化アルゴリズムを変更することができます。ここでは、Adamと呼ばれる最適化アルゴリズムを試してみましょう。

MEMO

Adam

Adam（Adaptive Moment Estimation）は、直近の勾配情報を利用する等の工夫があり、SGDと比べて収束が早いと言われており、よく使用される。

学習の様子を見る

各エポックに学習の際に、各エポックでの損失関数の値や分類精度を取得するため、`callbacks`モジュールを利用します。

ここでは、`callbacks`の`TensorBoard`メソッドを利用してみましょう。これは、3.5節で紹介したTensorBoardのラッパーになっており、モデルのfitメソッドの引数に指定することで、モデルの評価結果や損失関数の値を自動で出力してくれます。

リスト4.8における`validation_split`は、学習用データのうち、検証用データとして利用する割合を指定します。

検証用データとは、学習したモデルが未知のデータに対してどの程度の予測性能を持っているかを測るためのデータのことです。例えば、ここでは0.2に設定しているため、学習用データのうち80%のデータで学習を行い、残りの20%のデータで検証を行います。

図4.14は、AdamによるMNISTデータの学習を行った際の、損失関数の値、分類精度をTensoBoardで表しています。

acc、lossはそれぞれ構築したモデルの学習用データに対する分類精度、損失関数の値です。モデルの学習が進めば基本的にaccは増加し、lossは減少しますが、これは必ずしも構築したモデルが未知のデータに対して高い予測性能を持っていることを表しているわけではありません。

val_acc、val_lossはそれぞれ構築したモデルの検証用データに対する分類精度、損失関数の値です。検証用のデータは学習には使用していないので、これは未知のデータに対するモデルの予測性能を表しています。したがって、val_accが高いほど、またval_lossが低いほど、モデルの予測精度は高いと言えます。

エポック数を増やすと、基本的にはaccが高くなりlossが低くなりますが、val_accが低くなり、val_lossが上がっていくことがあります。これは「過学習」と呼ばれる現象で、モデルが学習用データに過度に適合してしまい未知のデータに対する予測性能が低下した状況を表しています。

リスト4.8 Adamを用いた、本モデルでのMNISTデータの学習

In

```
from tensorflow.python.keras.callbacks import TensorBoard


model.compile(
    optimizer='adam',
    loss='categorical_crossentropy',
    metrics=['accuracy']
)
tsb=TensorBoard(log_dir='./logs')
history_adam=model.fit(
    x_train,
    y_train,
    batch_size=32,
    epochs=20,
    validation_split=0.2,
    callbacks=[tsb]
)
```

Out

```
Train on 48000 samples, validate on 12000 samples
Epoch 1/20
48000/48000 [==============================]➡
48000/48000 [==============================] ➡
- 3s 57us/step - loss: 0.3332 - acc: 0.9053 - ➡
val_loss: 0.1835 - val_acc: 0.9493

(略)

Epoch 20/20
48000/48000 [==============================]➡
48000/48000 [==============================] ➡
- 3s 55us/step - loss: 0.0092 - acc: 0.9973 - ➡
val_loss: 0.1229 - val_acc: 0.9731
```

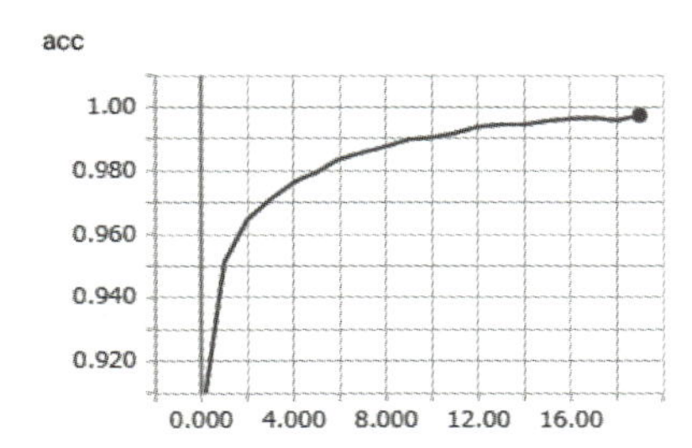

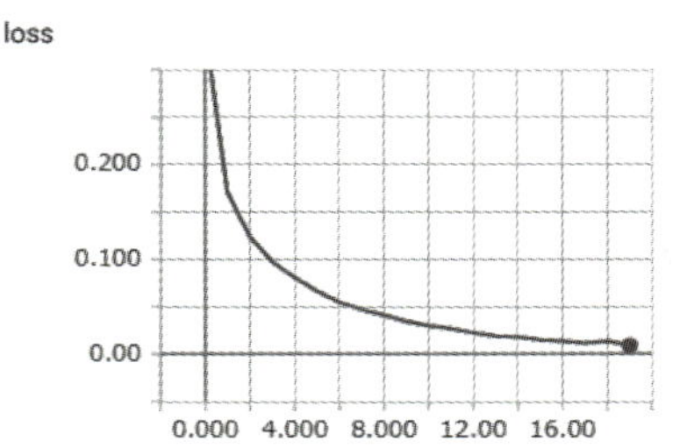

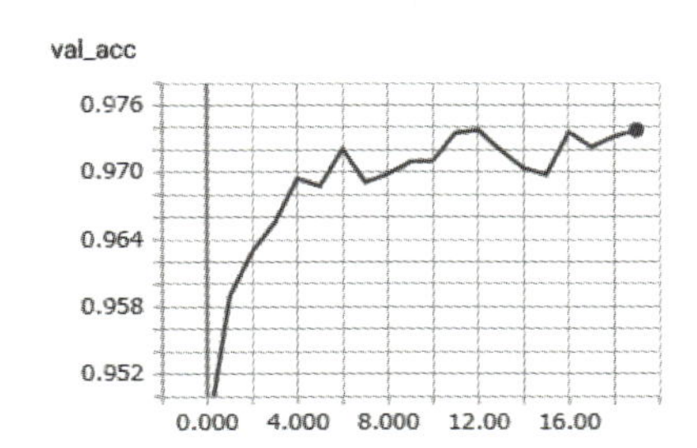

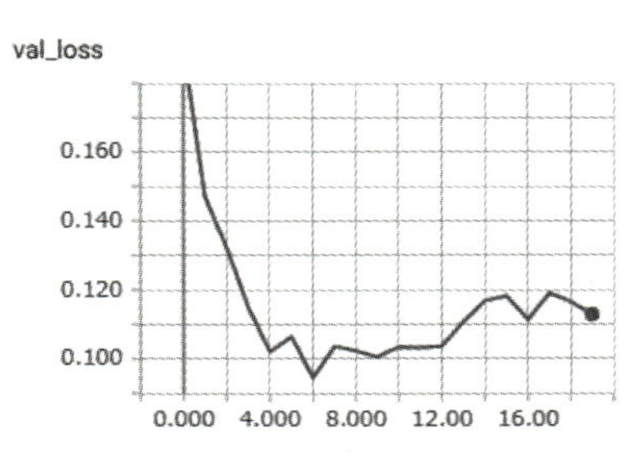

図4.14 Adamを用いた、本モデルでのロスと精度の推移（TensorBoard画面）

ATTENTION

model.compile実行時の警告について

現在の環境のTensorFlow(version1.5.0)の場合、`model.complie`実行時に次のような警告が表示されますが、このバージョン特有のものであり、実行には問題ありません。

```
WARNING:tensorflow:From （ご自身のパス）/tensorflow/py
thon/keras/_impl/keras/backend.py:3086: calling re
duce_sum (from tensorflow.python.ops.math_ops) wit
h keep_dims is deprecated and will be removed in a
future version.
Instructions for updating:
keep_dims is deprecated, use keepdims instead
WARNING:tensorflow:From （ご自身のパス）/tensorflow/py
thon/keras/_impl/keras/backend.py:1557: calling re
duce_mean (from tensorflow.python.ops.math_ops) wi
th keep_dims is deprecated and will be removed in
a future version.
Instructions for updating:
keep_dims is deprecated, use keepdims instead
```

4.3 Functional API

Sequential APIだと実装ができないような複雑なモデルを構築することができるFunctional APIを紹介していきます。

4.3.1　Functional APIの利用

前節では、Sequential APIを用いてモデルを構築しました。Sequential APIは非常に便利ですが、入力や出力が複数あるような、複雑なモデルを記述することができません。Kerasでは、そのような複雑なモデルを構築するためのインターフェイスが別途用意されています。ここでは、そのようなインターフェイスであるFunctional APIの利用方法を紹介します。

Functional APIでのモデル構築

例として、先程Sequential APIで構築したモデルを、Functional APIを用いて書き直してみましょう。

リスト4.9 では、必要なモジュールのインポートやデータの前処理をしています。Sequentialの代わりにModelをインポートしている点以外にSequential APIで構築したモデルとの違いはありません。

まずは先程のSequentialモデルをFunctional APIを用いて書き直してみましょう。先程と同様に利用するモジュールやデータをインポートして、モデルが扱いやすい形に変換します。

リスト4.9 Functional APIを用いたモデル構築のための準備

In

```
from tensorflow.python.keras.datasets import mnist
from tensorflow.python.keras.utils import to_categorical
from tensorflow.python.keras.callbacks import TensorBoard
from tensorflow.python.keras.layers import Input, Dense
from tensorflow.python.keras.models import Model


(x_train, y_train), (x_test, y_test) = mnist.load_data()
x_train = x_train.reshape(60000, 784)
x_train = x_train/255.
x_test = x_test.reshape(10000, 784)
x_test = x_test/255.
y_train = to_categorical(y_train, 10)
y_test = to_categorical(y_test, 10)
tsb = TensorBoard(log_dir='./logs')
```

モデルの構築については、リスト4.10のようになります。

リスト4.10 Functional APIによるモデルの構築

In

```
input = Input(shape=(784, ))
middle = Dense(units=64, activation='relu')(input)
output = Dense(units=10, activation='softmax')(middle)
model = Model(inputs=[input], outputs=[output])
```

Sequential APIでは、レイヤーを追加して、モデルを構築していました。

実は、Functional APIでも、同じレイヤーオブジェクトを使用し、テンソルを次の層の引数に与えることでモデルを構築できます。

例えば、ここでは`inputs`という変数のテンソルを作成しています。

次に、中間層の`Dense`の引数に`inputs`を渡し、`middle`という変数のテンソルを作成しています。最後に出力層の`Dense`の引数に`middle`を渡すことで、`outputs`という変数のテンソルを作成しています。

Functional APIでは、Modelクラスの引数、`inputs`に入力のテンソル、`outputs`に出力のテンソルを指定することで、モデルを構築します。

構築したモデルは、Sequential APIで構築したモデルと同様のものになっているため、compileやfitメソッドを使用することができます。

モデルのコンパイルおよび学習は、Sequential APIと同様に、行うことができます（リスト4.11、4.12）。

リスト4.11 構築したモデルのコンパイル例

In

```
model.compile(
    optimizer='adam',
    loss='categorical_crossentropy',
    metrics=['accuracy']
)
```

リスト4.12 MNISTのデータセットを学習する

In

```
model.fit(
    x_train,
    y_train,
    batch_size=32,
    epochs=20,
    callbacks=[tsb],
    validation_split=0.2
)
```

リスト4.10でModelの引数がinputsとoutputsで複数形になっていることから推察できる通り、Functional APIを用いたモデルでは、入力や出力が複数であってもモデルを構築することができます。そのようなネットワークの構築は応用編で紹介します。

4.4 まとめ

本章で解説した内容をまとめました。

4.4.1 順伝播型ニューラルネットワークのKerasでの実装について

本章では、Kerasで順伝播型ニューラルネットワークを構築する方法を紹介してきました。

まず、手軽にモデルの構築が可能なSequential APIを用いて構築し、次に、複雑なネットワークを構築することが可能なFunctional APIを用いて同様のネットワークを構築しました。第2部ではFunctional APIを用いて、さらに複雑なモデルを構築していきます。

次章では、画像への応用で欠かせない存在となっている、CNNを扱います。

CNNには、畳み込み層や、プーリング層といった本章では取り扱わなかったレイヤーが登場します。

CHAPTER 5

KerasによるCNNの実装

この章では、CNNの概要とKerasによる実装方法を、簡単な例を元に説明します。

5.1 CNNの概要

ここではCNNや、その特徴的な層である畳み込み層およびプーリング層について説明します。

5.1.1 入力画像のサイズとパラメータ数

第4章ではKerasでMLP（Multi Layer Perceptron：多層パーセプトロン）を実装しました。その際に扱ったMNISTのデータは、28×28の大きさのモノクロ画像で、MLPでは最初の層のニューロンそれぞれに対して784個の入力がありました。各入力に対して重みがかかっているので、バイアスを含めて785個のパラメータを最適化しなければいけません。さらに、これがニューロンの数だけ存在します。この章ではCIFAR-10のデータを扱います。CIFAR-10は32×32×3（縦32、横32、色チャンネル3）の大きさのカラー画像なので、最初の層のニューロンへの入力の数は32×32×3=3072となります。現実には、より大きな画像を扱うことがあるかと思います。例えば200×200×3（縦200、横200、色チャンネル3）では、その数は120000となり、MLPでは画像のサイズが大きくなればなるほど、最適化しなければならないパラメータの数が増大することになります。

本章で紹介するCNN（Convolutional Neural Network：畳み込みニューラルネットワーク）は、入力データである画像の性質を利用して、パラメータの数を削減しています（図5.1）。

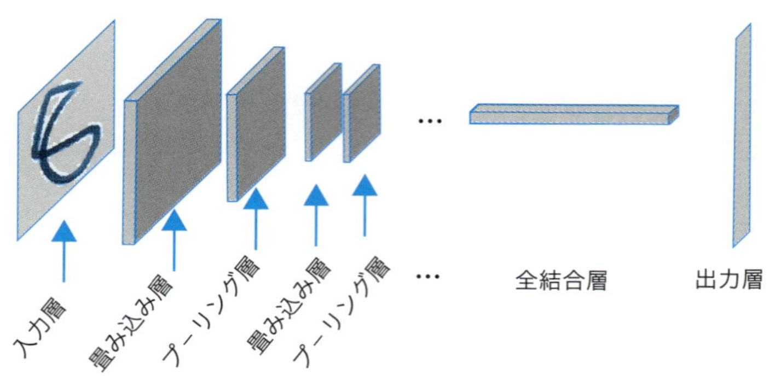

図5.1 シンプルなCNNの構造

CNNの構成要素を具体的に見ていきましょう。

5.1.2 畳み込み層とプーリング層

CNNの一番の特徴は、畳み込み層とプーリング層の繰り返しです。

畳み込み層とは、画像に対してカーネル（フィルタ）を適用していき、画像の特徴量を抽出するような役目を担う層です。最適化が必要な重みパラメータの数は画像のサイズではなくフィルタのサイズに依存するため、MLPと違い、画像のサイズが大きくなっても、パラメータ数が増大しません。また、プーリング層とは、画像を縮小するような層のことで、小さな位置変化に対して頑健にするような役目を担っています。

畳み込み層

それでは、畳み込み層の挙動を具体的に見てみましょう。畳み込み層では、入力データに対してカーネルと呼ばれる小さな行列（またはテンソル）をスライドさせながら適用していきます。イメージしやすくするために、入力データとカーネルが 図5.2 で与えられているとして、具体的な動きを見てみましょう。

入力データ

0	1	1	0	1
0	0	1	1	0
0	0	1	1	1
0	1	0	0	0
1	0	1	1	0

カーネル

0	1	0
-1	0	1
0	-1	0

図5.2 入力データ（左）とカーネル（右）

まず、カーネルは入力データの左上に適用されます。図5.3 の青色の部分と、対応するカーネルの積和が計算されます（図5.4）。

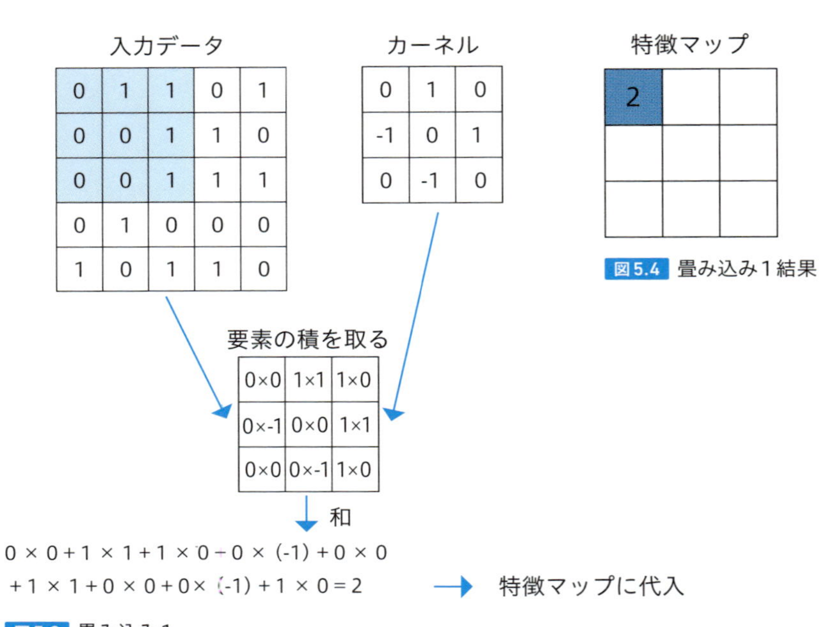

図5.4 畳み込み1結果

図5.3 畳み込み1

続いて、青色の部分を1つずらして、同じ操作を適用します（図5.5、図5.6）。

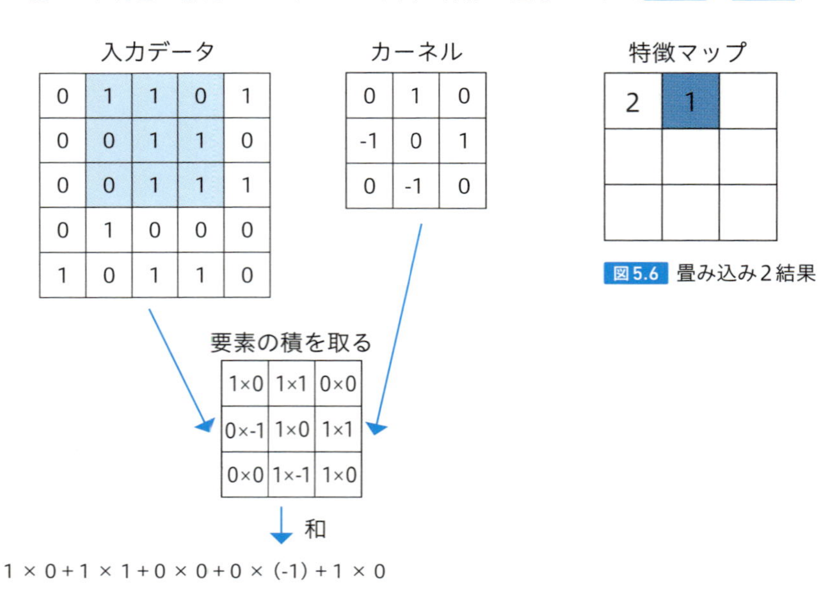

図5.6 畳み込み2結果

図5.5 畳み込み2

上記の操作を繰り返すと、図5.7の出力が得られます。
これを特徴マップと呼びます。

2	1	-2
0	2	1
0	-1	0

図5.7 特徴マップ（最終的な畳み込み結果）

上述したように、MLPでは入力データのサイズが大きくなるほど、重みパラメータ数が増大していきます。
しかし、上記の例のように、畳み込み層では、入力データのサイズが大きくなっても、特徴マップのサイズは増えますが、カーネルのサイズ、つまり重みパラメータ数は変化しません。

MEMO

入出力のチャンネル数とパラメータの数

ここで示した例は、入出力が1チャンネルだが、実際の畳み込み層では、入出力が複数チャンネルになることがほとんどである。
畳み込み層の重みパラメータ数は入出力のチャンネル数に依存する。例えば、カラー画像のように入力データが3チャンネルで出力を6チャンネルにしたい場合、重みパラメータ数は、3×3×3×6（カーネルサイズ×入力チャンネル数×出力チャンネル数）となり、入出力が1チャンネルの畳み込み層の重みパラメータ数の18倍になる。

プーリング層

次に、プーリング層について見ていきましょう。プーリングにもいくつか種類がありますが、最もよく使われるマックスプーリングでは、図5.8のように、入力データを小さな領域に分割し、各領域の最大値をとってくることで、データを縮小します。データが縮小されるため、計算コストが軽減されることに加え、各領域内の位置の違いを無視するため、小さな位置変化に対して頑健なモデルを構築することができます。

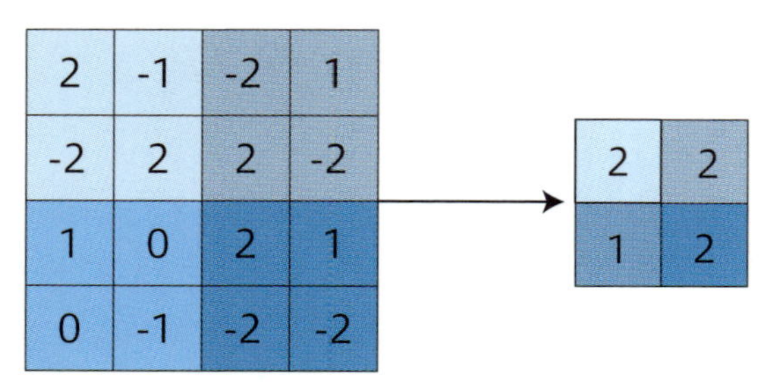

図5.8 2×2の4つの領域に分割し（左）、マックスプーリングを使用した結果（右）

5.2 KerasによるCNNの実装

ここではCNNをKerasで実装する方法について説明します。

5.2.1 CIFAR-10データセット

それでは、Kerasを使ってCNNを実装してみましょう。

前述の通り、ここで使用するデータはCIFAR-10と呼ばれるものです。CIFAR-10は図5.9のような画像60000枚からなるデータセットです。各画像は50000枚の訓練用データと10000枚のテスト用データに分割されております。また各画像にはairplane、automobile、bird、cat、deer、dog、frog、horse、ship、truckからなる10個のクラスラベルが1つ付随しています。

図5.9 CIFAR-10から抜粋

出典 The CIFAR-10 dataset
URL https://www.cs.toronto.edu/~kriz/cifar.html

5.2.2 サンプルデータのインポート

まずはデータをインポートします（リスト5.1）。

前章のMNISTと同様で、最初にインポートした際に、自動でインターネットからデータをダウンロードしてくれます。

リスト5.1 データのインポート

In

```
from tensorflow.python.keras.datasets import cifar10
(x_train, y_train), (x_test, y_test) = cifar10.load_data()
```

5.2.3 データの整形

インポートしたデータはリスト5.2のようなサイズなので、前章と同様に、モデルが取り扱いやすいサイズにデータを整形します（リスト5.3）。

リスト5.2 インポートしたデータのサイズを確認

In

```
# データの大きさを確認
print('x_train.shape :', x_train.shape)
print('x_test.shape :', x_test.shape)
print('y_train.shape :', x_train.shape)
print('y_test.shape :', x_test.shape)
```

Out

```
x_train.shape : (50000, 32, 32, 3)
x_test.shape : (10000, 32, 32, 3)
y_train.shape : (50000, 32, 32, 3)
y_test.shape : (10000, 32, 32, 3)
```

リスト5.3 データのスケール変換とクラスラベルの1-hotベクトル化

In

```
from tensorflow.python.keras.utils import to_categorical


# 特徴量の正規化
x_train = x_train/255.
```

```
x_test = x_test/255.

# クラスラベルの1-hotベクトル化
y_train = to_categorical(y_train, 10)
y_test = to_categorical(y_test, 10)
```

5.2.4 畳み込み層の追加

ネットワークの構築には4.2.2項と同様に、Sequential APIを利用します（リスト5.4）。

リスト5.4 モデル構築の準備

In

```
from tensorflow.python.keras.models import Sequential


model = Sequential()
```

前章のMLPではネットワークの構築にDenseレイヤーを用いましたが、CNNの基本的な例として、ここでは畳み込み層にConv2Dレイヤーを利用します（リスト5.5）。

リスト5.5 畳み込み層の追加

In

```
from tensorflow.python.keras.layers import Conv2D


model.add(
    Conv2D(
        filters=32,
        input_shape=(32, 32, 3),
        kernel_size=(3, 3),
        strides=(1, 1),
        padding='same',
        activation='relu'
    )
)
```

```
model.add(
    Conv2D(
        filters=32,
        kernel_size=(3, 3),
        strides=(1, 1),
        padding='same',
        activation='relu'
    )
)
```

ここでは、Conv2Dレイヤーを2層追加しています。Conv2Dレイヤーは様々な引数をとります。`filters`は出力のチャンネル数（特徴マップの数）です。

`kernel_size`は、前述のカーネルの大きさを表します。3×3や5×5など、奇数×奇数の正方形とすることが多いです。`strides`は、カーネルをずらす幅を指定します。

例えば`strides`が2の場合は、カーネルが2つずつずれていきます（図5.10）。このとき、`strides`が1の場合と比べ、生成される特徴マップの大きさが小さくなります。図5.3～図5.7の例では、1つずつカーネルをずらしていたので、`strides`が1になっていました。その際、3×3の特徴マップが生成されましたが、図5.10の例では、2×2の特徴マップが生成されます。

0	1	1	0	1
0	0	1	1	0
0	0	1	1	1
0	1	0	0	0
1	0	1	1	0

➡

0	1	1	0	1
0	0	1	1	0
0	0	1	1	1
0	1	0	0	0
1	0	1	1	0

➡

0	1	1	0	1
0	0	1	1	0
0	0	1	1	1
0	1	0	0	0
1	0	1	1	0

➡

0	1	1	0	1
0	0	1	1	0
0	0	1	1	1
0	1	0	0	0
1	0	1	1	0

図5.10 strides=2の場合

`padding`は、データの端をどのように取り扱うかを指定します。図5.3～図5.7を見るとわかる通り、畳み込みを適用すると、サイズが少しだけ小さくなります。しかし、モデルの用途によっては、入力と出力のサイズを変えたくない場合も多々あります。そういう場合には、図5.11のように、入力データの周りを0で埋めて（ゼロパディング）、畳み込みを適用します。

0	0	0	0	0	0	0
0	0	1	1	0	1	0
0	0	0	1	1	0	0
0	0	0	1	1	1	0
0	0	1	0	0	0	0
0	1	0	1	1	0	0
0	0	0	0	0	0	0

図5.11 ゼロパディングの例

このように、ゼロパディングを使って入力と出力のサイズを等しくしたい場合はpadding='same'と指定します。図5.3～図5.7のようにゼロパディングしない場合にはpadding='valid'を指定します（図5.12）。

1	1	-2	-1	0
0	2	1	-2	-1
0	0	2	1	-1
0	0	-1	1	1
0	1	1	-1	-1

図5.12 padding='valid'の場合の畳み込み結果

5.2.5 プーリング層の追加

続いてプーリング層を追加します。ここでは、サイズ2×2のマックスプーリング層を追加しています（リスト5.6）。

リスト5.6 プーリング層の追加

In

```
from tensorflow.python.keras.layers import MaxPooling2D


model.add(MaxPooling2D(pool_size=(2, 2)))
```

5.2.6　ドロップアウトレイヤーの追加

　また、7.1.2節で詳しく紹介を行いますが、ドロップアウトと呼ばれる手法があります。ドロップアウトは層の中のニューロンのうちのいくつかをランダムに無効にして学習を行い、パラメータが多く表現力の高いネットワークの自由度を抑えることで、モデルの頑健性が高まることが知られています。

　リスト5.7では、ドロップアウトレイヤーに0.25を指定することで、学習時に、ニューロンの2割5分をランダムに無効にしています。

リスト5.7　ドロップアウトレイヤーの追加

In

```
from tensorflow.python.keras.layers import Dropout


model.add(Dropout(0.25))
```

5.2.7　畳み込み層、プーリング層の追加

　深層学習では層を積み重ねるごとに表現力が高まることが知られているため、さらに畳み込み層とプーリング層を追加します（リスト5.8）。

リスト5.8　畳み込み層とプーリング層の追加

In

```
model.add(
    Conv2D(
        filters=64,
        kernel_size=(3, 3),
        strides=(1, 1),
        padding='same',
        activation='relu'
    )
)
model.add(
    Conv2D(
        filters=64,
```

```
            kernel_size=(3, 3),
            strides=(1, 1),
            padding='same',
            activation='relu'
        )
)
model.add(MaxPooling2D(pool_size=(2, 2)))
model.add(Dropout(0.25))
```

5.2.8 全結合層の追加

最後に、全結合層を追加します。しかし、畳み込み層やプーリング層の出力は形式が異なるため直接全結合層に入力できません。まずはプーリング層を追加した時点のモデルの出力形式を確認してみましょう（リスト5.9）。

リスト5.9 プーリング層追加後のモデルの出力形式

In

```
model.output_shape
```

Out

```
(None, 8, 8, 64)
```

プーリング層の出力は4次元のテンソルであることがわかります（データ数、縦、横、チャンネル数）。一方全結合層では、2次元のテンソルしか入力にとることができません。そこで、多次元のテンソルを2次元のテンソルに展開してくれるFlattenレイヤーを追加します（リスト5.10）。

リスト5.10 Flattenレイヤーの追加

In

```
from tensorflow.python.keras.layers import Flatten


model.add(Flatten())
model.output_shape
```

Out

```
(None, 4096)
```

全結合層は リスト5.11 のように、追加します。

リスト5.11 全結合層の追加

In

```
from tensorflow.python.keras.layers import Dense


model.add(Dense(units=512, activation='relu'))
model.add(Dropout(0.5))
model.add(Dense(units=10, activation='softmax'))
```

5.2.9 モデルを学習する

それでは、構築したモデルをコンパイルして、学習をしてみましょう（リスト5.12）。

リスト5.12 作成したモデルのデータへの当てはめ

In

```
from tensorflow.python.keras.callbacks import TensorBoard


model.compile(
    optimizer='adam',
    loss='categorical_crossentropy',
    metrics=['accuracy']
)
tsb = TensorBoard(log_dir='./logs')
history_model1 = model.fit(
    x_train,
    y_train,
    batch_size=32,
    epochs=20,
    validation_split=0.2,
    callbacks=[tsb]
)
```

Out

```
Train on 40000 samples, validate on 10000 samples
Epoch 1/20
40000/40000 [==============================] - ➡
8s - loss: 1.6051 - acc: 0.4121 - val_loss: ➡
1.2061 - val_acc: 0.5652

(略)

Epoch 20/20
 7488/40000 [====>.........................] - ➡
ETA: 5s - loss: 0.4197 - acc: 0.8486
```

4.2.3節と同様に、TensorBoardメソッドを利用してモデルの評価結果や損失関数の値を出力してみましょう（図5.13）。

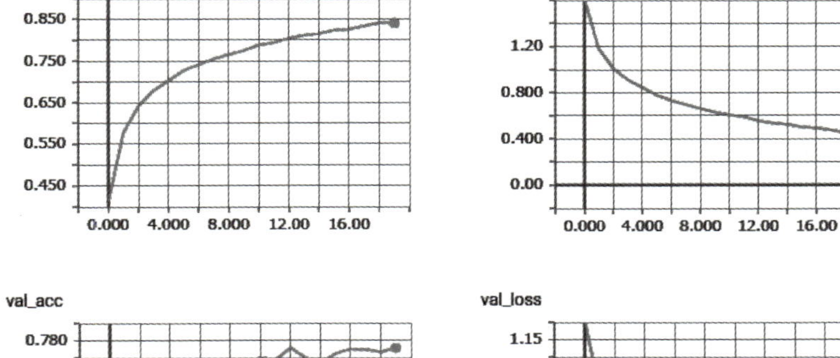

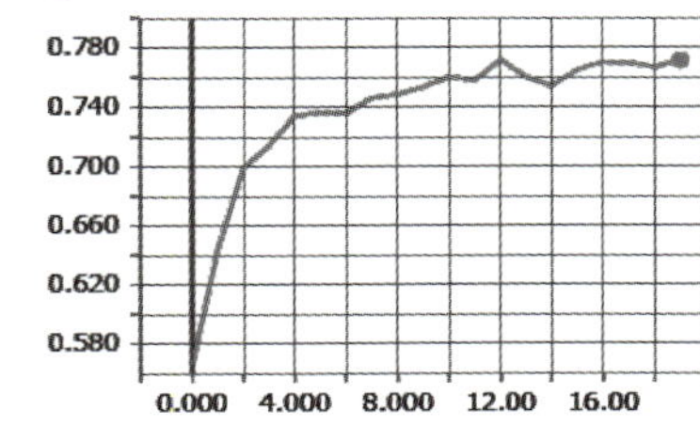

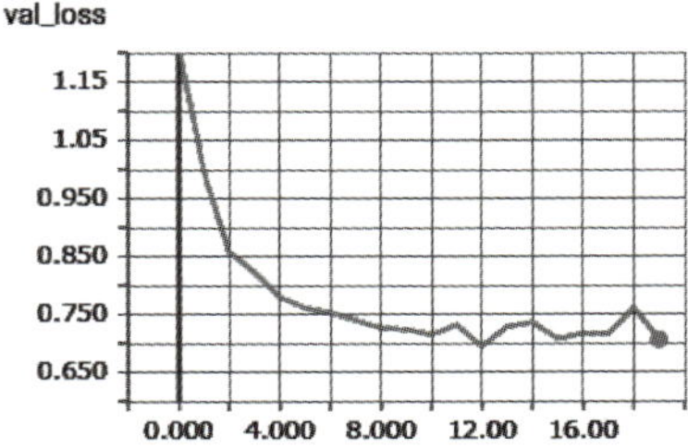

図5.13 CNNでCIFAR-10のデータを学習した結果

図5.13からわかるように、学習が進むごとにaccは増加し、lossは減少しています。またval_accが増加し、val_lossが減少していることから、モデルが過学習せずに学習していると言えそうです。

5.3 まとめ

本章で説明した内容をまとめました。

5.3.1 CNNの実装について

本章では、CNNの一番の特徴である畳み込み層やプーリング層を説明し、分類問題を解くCNNのモデルをKerasで構築しました。

ここではシンプルなモデルを構築しましたが、CIFAR-10のデータに対して7割以上の精度を出すことができました。画像の分類問題は長年コンピュータにとって難しい問題の典型例でしたが、CNNによって解決しつつあります。

また、CNNは画像の分類問題だけではなく、物体検知やセグメンテーション、画風変換など様々なタスクを解くためのネットワークとして広く利用されています。第2部では、画像の分類問題以外のタスクに取り組みます。

次章では、Sequential APIを用いてすでに学習済みのモデルを再利用する方法や、その一部を学習し直して利用する方法について紹介します。

CHAPTER 6

学習済みモデルの活用

本章では学習済みモデルの概念とその活用の仕方について解説します。

6.1 学習済みモデルの活用モチベーション

深層学習モデルは非常に使いやすく精度の高いモデルですが、複雑なモデルを一から構築する場合には、大きな労力を必要とするケースがあります。本節ではモデルを一から構築する際のハードルについて検討した上で、学習済みモデルとは何か、またその有用性について説明します。

6.1.1　深層学習モデル構築時のハードル

前章で体験したように深層学習モデルの構築は、シンプルなものであれば比較的簡単に行うことができるようになっています。しかし、現実世界のタスクに対して深層学習を適用する場合、より複雑なモデルが必要になってくることが多くあります。例えばカラーや高解像度画像を用いた分類問題であったり、分類するクラス数が増えたり、高い精度が要求されるケースなどがこれに該当します。

一般にモデルが複雑になってくると、モデルの構築において対処すべき課題がいくつか表れてきます。例えば、分類クラス数の多い、高精度な分類モデルを構築するケースでは、大量の学習用の画像と正解ラベルが必要となります。MNISTのように整備・公開された画像データセットならばダウンロードすることで簡単に学習を開始できますが、まとまったデータセットが存在しない場合、学習データの作成は別途人手で行う必要があり、数千～数万規模の学習データを作成するのは大変な労力を要することになります。

また、高解像度の画像を使って微小な差異を分類しようとした場合には、ネットワークの規模も大きくなることが多く、学習用の計算リソースと計算時間が必要です。高性能なGPUマシンを使って数時間～数日間処理を実行し続けることもよくあります。

深層学習モデル構築時の主なハードル

- 大量の学習データ収集
- 計算リソースの確保と計算時間
- モデルのチューニングや試行錯誤のコスト

これらのハードルは深層学習活用時の課題として、一般に広く知られており、ハードルを小さなものにするため、現在も様々な研究が活発に進められています。本章では、課題に対するシンプルかつ強力な対処策の1つとして、**学習済みモデル（Pre-trained model）**を活用する方法を紹介します。

6.1.2 学習済みモデルとは

学習済みモデルとは、事前に何らかのタスクで重みが学習されている、深層学習のモデルです。特に大学や企業の研究グループが提案した学習済みモデルは、最先端のネットワーク構造を用いているため、高い精度を期待できます。さらにこれらのモデルは大規模な画像データセットで学習されているため、日常に利用されるような一般的な分類クラスの画像の分類タスクに用いる際は、精度としても、必要な分類クラスとしても十分である可能性は大いにあります。学習済みモデルが活用できれば、深層学習モデルを一から構築することなく、非常に少ない労力で課題に対処できます。先人の努力や知恵の活用が強力な武器となるわけです。

6.1.3 ImageNetの画像データセット

学習済みモデルの学習データとして広く使われている画像データの1つに「ImageNet」があります（図6.1）。ImageNetは、研究目的で収集されている大規模画像データセットです。また、ImageNetはこれら画像の管理・運営を行うプロジェクト名を指すこともあり、そこでは画像収集をはじめ、正解ラベルとして用いるアノテーションの追加やコンペティションの開催なども行っています。

ImageNetでは動物や植物、乗り物といった代表的なクラス分類と画像が含まれているため、例えば犬と猫の分類タスクはこの学習済みモデルを使うだけで高精度に分類を行うことができます。また、学習されたクラス分類に含まれない画像（例えば、ある商品の商標など）であっても、学習済みモデルの一部を学習し直すことで、一からのモデル構築に比べて、圧倒的に小さな手間で精度の高いモデルを構築することが期待できます。

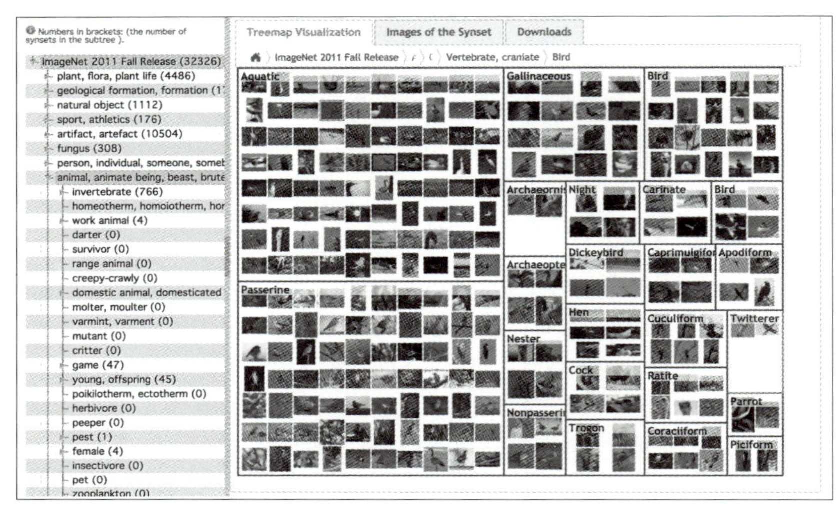

図6.1 ImageNetの画像検索機能で`bird`を検索した結果

URL http://image-net.org/

このImageNetの画像データセットを使ったILSVRC（ImageNet Large Scale Visual Recognition Challenge）と呼ばれる画像認識コンペティションが毎年開催されています。ILSVRCでは、参加グループが画像分類や物体検知など様々な大規模画像認識タスクの精度を競い合っているのですが、その上位に入賞した手法には、毎年大きな注目が集まります。学習済みモデルの著名なものは、主にこのILSVRCでよい成績を残したモデルになります。

この章で実際に活用する、VGG16という学習済みモデルもVGG（Visual Geometry Group）というOxford大学の研究グループが提案し、2014年のILSVRCで好成績を収めたモデルです。

ネットワーク構成は 図6.2 のようになっており複雑で巨大なモデルに見えますが、学習済みモデルとして利用するのであれば、必ずしも構造のすべてを把握する必要はありません。

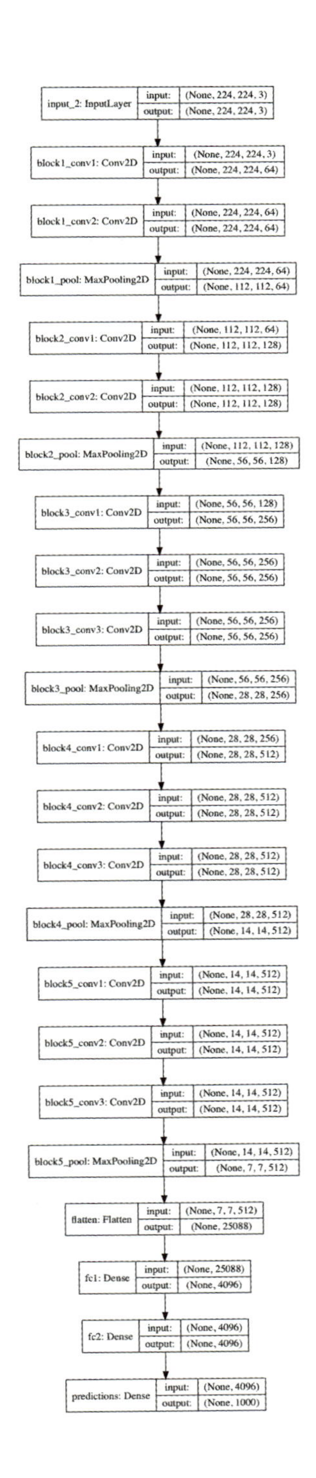

図 6.2 VGG16のネットワーク構成

6.1.4 Kerasから利用できる学習済みモデル

VGG16のような代表的な学習済みモデルは、Kerasをはじめとする深層学習ライブラリを通して簡単に呼び出し、利用することが可能になっています（表6.1）。

Kerasではリスト6.1のように、実質2行で学習済みモデルを呼び出して利用することが可能です。ただし、初回呼び出し時にはモデルの情報（ネットワーク構造や重み）をWebよりダウンロードするため、数分時間を要します。

リスト6.1 学習済みモデルの呼び出しの例

In

```
from tensorflow.python.keras.applications.vgg16 import VGG16

# 初回呼び出し時にモデルをダウンロードするため、初回呼び出し時は時間がかかる
model = VGG16()
```

表6.1 Kerasから呼び出し可能な学習済みモデル（本書執筆時点：2018年3月現在）

モデル名	提案グループ	学習データ	特徴
VGG16	Oxford大学VGG	ImageNet	2014年のILSVRCにおいて優秀な成績を収めている。隠れ層が16層あり、シンプルな構成からよく用いられる。当時は16層で非常に層が深いとされていた
VGG19	Oxford大学VGG	ImageNet	VGG16の隠れ層を19層にしたモデル
InceptionV3	Google	ImageNet	2014年のILSVRCの分類問題部門で優勝したモデル。Inceptionモジュールの導入が特徴。隠れ層の数は22。Inceptionモデルの初期バージョンはGoogLeNetとも呼ばれている
Xception	Google	ImageNet	Kerasの作者（François Chollet）が提案したモデル。Inceptionモデルの改善版。チャンネル方向と空間方向の畳み込みを分離することで、精度向上と計算量の削減を行った
ResNet50	Microsoft Research	ImageNet	2015年のILSVRCの分類問題、物体検知部門で優勝したモデル。Residualブロックの導入により残差の学習を行うことで、より深い構造が実現可能になった

6.2 学習せずにそのまま使う

学習済みモデルの活用方法としては大きく「そのまま使うケース」と「一部学習し直して使うケース」の2通りが考えられます。本節では、それぞれの適用ケースと具体的な方法を説明します。

6.2.1 モデルをそのまま使う

学習済みモデルをそのまま使うケースを考えてみましょう。分類したい画像が、ImageNetに含まれる画像クラスであれば、VGG16モデルをそのまま使うことができます。具体的に、画像から犬と猫を判別するようなケースを考えてみます。

犬と猫は学習データセット（ImageNet）に含まれているため、VGG16はすでに大量の画像を使ってこれらの特徴を学習済みです。このようなケースでは新たに学習は必要なく、分類したい画像をそのまま学習済みモデルに入力して、予測結果を出力させるだけで入力画像が犬か猫かの確率が計算されます。

6.2.2 モデルの読み込み

まずは、事前に学習済みの重みパラメータを含んだモデル、VGG16を読み込みます（リスト6.2）。

リスト6.2 VGG16のモデルの読み込み

In

```
from tensorflow.python.keras.applications.vgg16 import VGG16


# 初回呼び出し時にモデルをダウンロードするため、初回呼び出し時は時間がかかる
model = VGG16()
```

読み込んできたモデルのサマリを確認すると、入力層のサイズが224×224、出力層のサイズが1000になっています。この出力層のサイズが、画像1枚の入力に対して、いくつの値を出力するかを表しています。

VGG16は、画像1枚の入力に対して、1000クラスそれぞれの分類確率を出力

します（リスト6.3の結果❶）。

リスト6.3 モデルのサマリの確認

In

```
# モデルのサマリを確認する。入力層のサイズが224 x 224 、➡
出力層は1000クラス分の確率が出力される構成になっている
model.summary()
```

Out

```
_________________________________________________________________
Layer (type)                 Output Shape              Param #
=================================================================
input_1 (InputLayer)         (None, 224, 224, 3)       0
_________________________________________________________________
block1_conv1 (Conv2D)        (None, 224, 224, 64)      1792
_________________________________________________________________
block1_conv2 (Conv2D)        (None, 224, 224, 64)      36928
_________________________________________________________________
block1_pool (MaxPooling2D)   (None, 112, 112, 64)      0
_________________________________________________________________

(略)
_________________________________________________________________
block5_conv1 (Conv2D)        (None, 14, 14, 512)       2359808
_________________________________________________________________
block5_conv2 (Conv2D)        (None, 14, 14, 512)       2359808
_________________________________________________________________
block5_conv3 (Conv2D)        (None, 14, 14, 512)       2359808
_________________________________________________________________
block5_pool (MaxPooling2D)   (None, 7, 7, 512)         0
_________________________________________________________________
flatten (Flatten)            (None, 25088)             0
_________________________________________________________________
fc1 (Dense)                  (None, 4096)              102764544
_________________________________________________________________
fc2 (Dense)                  (None, 4096)              16781312
_________________________________________________________________
predictions (Dense)          (None, 1000)──❶           4097000
=================================================================
```

```
Total params: 138,357,544
Trainable params: 138,357,544
Non-trainable params: 0
_________________________________________________________________
```

6.2.3 入力画像の準備

次に分類対象の画像を読み込みます。読み込み時にVGG16の入力サイズである224×224にリサイズします（リスト6.4）。読み込んだ画像ファイルの中身は犬と猫になります。

リスト6.4 入力画像の確認

In

```
from tensorflow.python.keras.preprocessing.image import ➡
load_img


# 画像をロードする。load_img()では、読み込み時に画像をリサイズすること➡
ができるので、VGG16の入力サイズ224 x 224にリサイズする
img_dog = load_img('img/dog.jpg', target_size=(224, 224))
img_cat = load_img('img/cat.jpg', target_size=(224, 224))
```

In

```
img_dog
```

Out

出典 Open Images Dataset V3
URL https://github.com/openimages/dataset

In

```
img_cat
```

Out

出典 Open Images Dataset V3
URL https://github.com/openimages/dataset

load_img()で読み込んだ画像はPillowと呼ばれる画像ライブラリのデータフォーマットになっているため、そのままではモデルに入力できません。モデル入力の際は、画像を一般的な数値データとして表現する必要があるためimg_to_array関数を使ってnumpy.ndarrayに変換します（リスト6.5）。その後、VGG16の入力値として適した値に変換するためpreprocess_input関数を適用しています。この関数では、入力値から学習時の画像の平均値を引いて、平均を0に変換する中心化と呼ばれる処理と、カラーチャンネルの順序の変更（RGB->BGR）が行われます。入力データをVGG16の学習時のデータと同じ状態に変換するための前処理になります（リスト6.6）。

リスト6.5 一般的な数値データに変換する

In

```
from tensorflow.python.keras.preprocessing.image import ➡
img_to_array


# load_img()はPillowと呼ばれる画像ライブラリのデータフォーマットに➡
なっているため、そのままでは利用できない。
# 一般的な数値データとして扱うため、numpy.ndarrayに変換
arr_dog = img_to_array(img_dog)
arr_cat = img_to_array(img_cat)
```

リスト6.6 VGG16に入力するための前処理を適用

In

```
from tensorflow.python.keras.applications.vgg16 import ➡
preprocess_input


# 画像の各チャンネルの中心化とRGBからBGRへの変換を行う。
# 画像をVGG16モデルの事前学習時と同じ状態に合わせて変換
arr_cat = preprocess_input(arr_cat)
arr_dog = preprocess_input(arr_dog)
```

犬と猫をそれぞれ1枚ずつ、合計2枚の画像を読み込みましたが、一般に深層学習のモデルでは複数の画像を一括で入力し、入力した画像の数だけ結果を出力することが多いです。一括で入力するため、2枚の画像を1つの配列にまとめて入力データとします（リスト6.7）。

リスト6.7 2枚の画像を1つにまとめる

In

```
import numpy as np


# 一般的な判別モデルは、複数の画像・データを一度に入力し、➡
データの数だけ結果を出力できる。
# 犬と猫の画像をまとめて、2枚の画像を含む配列の入力データに変換
arr_input = np.stack([arr_dog, arr_cat])
```

In

```
# 入力データのshapeを確認
print('shape of arr_input:', arr_input.shape)
```

Out

```
shape of arr_input: (2, 224, 224, 3)
```

6.2.4 予測

画像データをモデルのpredictメソッドに渡して、予測結果を算出します（推論）（リスト6.8）。

予測結果として各クラスの確率が1000次元のベクトルで表現された値が返されます。2つの画像を入力として渡していますので、2×1000の2次元配列が出力されます。

リスト6.8 予測結果を算出する

In

```
# 予測値（確率）を算出
# 推論では2 × 1000の2次元配列が出力される
probs = model.predict(arr_input)

# 予測値のshapeを確認
print('shape of probs:', probs.shape)

# 予測値の表示
probs
```

Out

```
shape of probs: (2, 1000)

array([[  1.32600644e-06,   2.62986930e-07,   ➡
1.91362659e-07, ...,
          3.42859011e-07,   4.29218608e-06,   ➡
4.36779592e-05],
       [  6.15859051e-07,   6.24306767e-06,   ➡
2.18504510e-06, ...,
          6.70361999e-07,   1.70821237e-04,   ➡
7.09133875e-03]], dtype=float32)
```

1000クラスそれぞれの確率のみでは、クラス名が判断できないためdecode_predictions関数を使って、結果をクラス名に変換し、上位5つを表示します（リスト6.9）。

リスト6.9 画像の予測結果を取得

In

```
from tensorflow.python.keras.applications.vgg16 import ➡
decode_predictions


# 予測結果は、1000クラスそれぞれの確率のみで返されるため、➡
クラス名が判断にしくいため
# decode_predictions()を使ってわかりやすい結果に変換し、➡
上位5つを表示
results = decode_predictions(probs)
```

犬の画像の予測結果を見ると、確率が最も高いのは約58%で'Rhodesian_ridgeback',（ローデシアン・リッジバック：犬種）と予測されています。2位、3位を見ても犬種が続くため、概ね正しく判別できているようです（リスト6.10）。

リスト6.10 犬の画像の予測結果

In

```
# 犬の画像の結果を表示（上位5）
results[0]
```

Out

```
[('n02087394', 'Rhodesian_ridgeback', 0.58250087),
 ('n02090379', 'redbone', 0.13647178),
 ('n02099601', 'golden_retriever', 0.058095165),
 ('n02088466', 'bloodhound', 0.055783484),
 ('n02106662', 'German_shepherd', 0.039084755)]
```

猫の画像の予測結果では'tiger_cat'の確率が最も高くなっており、予測された確率は低いですが、似通った特徴のものが上位に来ています（リスト6.11）。

リスト6.11 猫の画像の予測結果

In

```
# 猫の画像の結果を表示（上位5）
results[1]
```

Out

```
[('n02123159', 'tiger_cat', 0.29868495),
 ('n02124075', 'Egyptian_cat', 0.2532374),
 ('n02123045', 'tabby', 0.16191158),
 ('n02127052', 'lynx', 0.06016453),
 ('n04265275', 'space_heater', 0.024290893)]
```

このように学習済みモデルを使った予測では、モデルを呼び出して、`predict`メソッドを使うだけで簡単に各クラスの確率が取得できます。予測結果にも表れているように、ImageNetに含まれる1000クラスの粒度としては、犬で言うと、犬種などまで含めた細かい分類になっています。そのため実際には「犬」、「猫」といった、より大きな粒度で分類する場合は、予測確率をまとめるなどの工夫が必要になります。また、1000クラスに含まれていない画像の分類を行いたい場合には、次節で紹介する「転移学習」を行います。

6.3 学習済みモデルの一部を学習し直す（転移学習）

本節では、学習済みモデルの一部を学習し直して使うケース（転移学習）の適用ケースと具体的な方法を説明します。

6.3.1 転移学習を行うケースとメリット

学習済みモデルを新たな分類タスクに適用することを考えてみます。例えば、「寺・寺院（temple）」と「神社（shrine）」を画像から分類する場合は、先程の「犬」と「猫」と異なり、分類対象のクラス分類がImageNetに存在しないため、そのままではモデルの予測出力として「寺」や「神社」の確率が出力されることはありません。同時に、VGG16は「寺」や「神社」の特徴を学習したことがないため、どのような特徴からそれらを区別していいか判断できないと考えられます。

このようなケースでは新たに学習対象（「寺」、「神社」）の画像を用意して、モデルを学習し直してあげる必要があります（図6.3）。読者の中には、学習し直すのであれば、「学習済みモデルを使うメリットはあるのか」と思う方もいるかもしれません。しかし、新たなクラス分類を学習させるケースでも学習済みモデルを利用するメリットは十分にあります。

まずネットワーク構造の大部分をそのまま使えるため、自分でネットワークを定義する必要がありません。またVGG16のようにすでに膨大な数のクラスを正しく識別できるような特徴量抽出器を持つモデルは、「寺」と「神社」自体を学習してなくても、他のクラスを区別する際に「寺」と「神社」の差異を見分けるのに有効な特徴をすでに学習している可能性もあり、一から重みを学習させるよりも少ないデータと時間でよい精度を出せることが期待できます。学習済みモデルを利用して、別のタスクに適用することを転移学習（Transfer Learning）と呼びます。

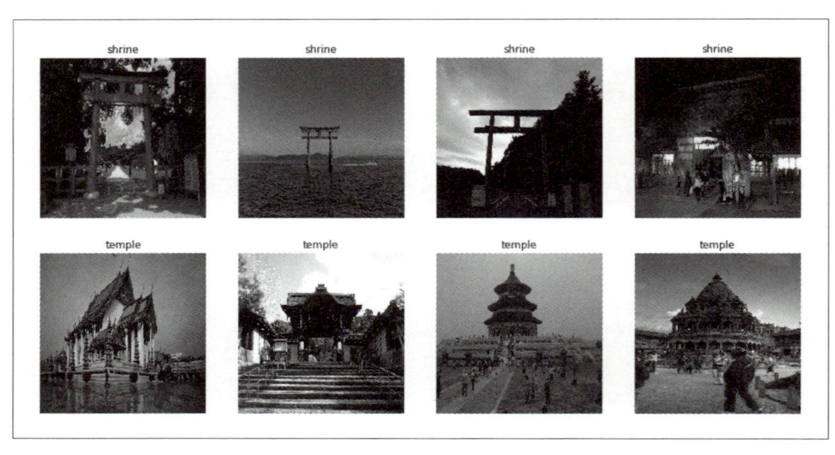

図6.3 学習済みモデルで読み込んだ例

出典 flickr
URL https://www.flickr.com/

先の例で見た通り、VGG16は1つの入力画像に対して、1000クラス分の確率を出力するような構造になっており、画像を1枚入力すると確率が1000次元のベクトルとして出力されます。今回必要なのは、ある写真が「寺」かどうかの1つの確率でよいので、出力数を1つに変更します※1。

変更はまず、VGG16を最終層を含めない状態で呼び出し、そこに寺か神社か、という新たな2値分類に対応させるための調整を担う全結合層と、1つの確率を出力する最終的な出力層を加えます。

6.3.2 モデルの読み込み

まず、Jupyter Notebook上でグラフや画像を表示するために、リスト6.12を実行しておきます。

リスト6.12 Jupyter Notebook上でグラフを表示

In

```
%matplotlib inline
```

※1 「神社」の確率は、1 － <寺の確率>

VGG16の呼び出しは、先述の方法と基本的には同じですが、既存の1000クラス分類用の出力層部分は使わないため、引数でinclude_top = Falseとして出力層部分を含まない状態で呼び出しています。モデルのサマリを確認すると、リスト6.3のサマリに含まれていた、fc1とfc2という名前の全結合層とpredictionsという名前の出力層がリスト6.13には含まれていないことがわかります。

リスト6.13 モデルのサマリを確認する

In

```
from tensorflow.python.keras.applications.vgg16 import ➡
VGG16


# 既存の1000クラスの出力を使わないため、
# include_top=Falseとして出力層を含まない状態でロード
vgg16 = VGG16(include_top=False, input_shape=(224, 224, 3))

# モデルのサマリを確認。出力層が含まれてないことがわかる
vgg16.summary()
```

Out

```
_________________________________________________________________
Layer (type)                 Output Shape              Param #
=================================================================
input_1 (InputLayer)         (None, 224, 224, 3)       0
_________________________________________________________________
block1_conv1 (Conv2D)        (None, 224, 224, 64)      1792
_________________________________________________________________
block1_conv2 (Conv2D)        (None, 224, 224, 64)      36928
_________________________________________________________________
block1_pool (MaxPooling2D)   (None, 112, 112, 64)      0
_________________________________________________________________

（略）
_________________________________________________________________
block5_conv1 (Conv2D)        (None, 14, 14, 512)       2359808
_________________________________________________________________
block5_conv2 (Conv2D)        (None, 14, 14, 512)       2359808
_________________________________________________________________
```

```
block5_conv3 (Conv2D)         (None, 14, 14, 512)       2359808
_________________________________________________________________
block5_pool (MaxPooling2D)    (None, 7, 7, 512)         0
=================================================================
Total params: 14,714,688
Trainable params: 14,714,688
Non-trainable params: 0

_________________________________________________________________
```

6.3.3 モデルの編集

呼び出したVGG16モデルのカスタマイズを簡単に行うために、一旦、VGG16モデルからSequentialモデルを生成しています（リスト6.14）。

Sequentialモデルを使うと、層の追加などの操作が直感的に行えます。ここでは既存のVGG16の重みの更新は、新たに追加する層と、既存の層の出力層に近い部分のみにとどめますので、学習しない15層分は学習不可に設定しています。次に新たに層を追加します。まず畳み込み層の出力を全結合層に展開するためのFlattenレイヤーを追加して、さらに重みを学習する全結合層Denseレイヤーを追加します。

頑健性を高めるためにDropoutレイヤーを挟んで、最後に1クラス分の確率を出力するための出力層を追加しています。

リスト6.14 VGG16を利用したモデルの作成と学習方法の設定

In

```
from tensorflow.python.keras.models import Sequential
from tensorflow.python.keras.layers import Dense, ➡
Dropout, Flatten


# モデルを編集し、ネットワークを生成する関数の定義
def build_transfer_model(vgg16):

    # 読み出したモデルを使って、新しいモデルを作成
    model = Sequential(vgg16.layers)

    # 読み出した重みの一部は再学習しないように設定。
```

```
    # ここでは、追加する層と出力層に近い層の重みのみを再学習
    for layer in model.layers[:15]:
        layer.trainable = False

    # 追加する出力部分の層を構築
    model.add(Flatten())
    model.add(Dense(256, activation='relu'))
    model.add(Dropout(0.5))
    model.add(Dense(1, activation='sigmoid'))

    return model

# 定義した関数を呼び出して、ネットワークを生成
model = build_transfer_model(vgg16)
```

6.3.4 モデルのコンパイル

ネットワークの定義が完了したら、次に最適化アルゴリズムなどを指定してモデルをコンパイルします（リスト6.15）。既存のVGG16の重みを活かしながら、現在のタスクにも重みを適用させていくため、最適化の学習率を低く（1e-4）設定しています。一度に大きく重みを修正しないのがポイントです。

リスト6.15 最適化アルゴリズムなどを指定してモデルをコンパイルする

In

```
from tensorflow.python.keras.optimizers import SGD


model.compile(
    loss='binary_crossentropy',
    optimizer=SGD(lr=1e-4, momentum=0.9),
    metrics=['accuracy']
)
```

In

```
# モデルのサマリを確認
model.summary()
```

Out

```
_________________________________________________________________
Layer (type)                 Output Shape              Param #
=================================================================
input_1 (InputLayer)         (None, 224, 224, 3)       0
_________________________________________________________________
block1_conv1 (Conv2D)        (None, 224, 224, 64)      1792
_________________________________________________________________
block1_conv2 (Conv2D)        (None, 224, 224, 64)      36928
_________________________________________________________________
block1_pool (MaxPooling2D)   (None, 112, 112, 64)      0

（略）
_________________________________________________________________
block5_conv1 (Conv2D)        (None, 14, 14, 512)       2359808
_________________________________________________________________
block5_conv2 (Conv2D)        (None, 14, 14, 512)       2359808
_________________________________________________________________
block5_conv3 (Conv2D)        (None, 14, 14, 512)       2359808
_________________________________________________________________
block5_pool (MaxPooling2D)   (None, 7, 7, 512)         0
_________________________________________________________________
flatten_1 (Flatten)          (None, 25088)             0
_________________________________________________________________
dense_1 (Dense)              (None, 256)               6422784
_________________________________________________________________
dropout_1 (Dropout)          (None, 256)               0
_________________________________________________________________
dense_2 (Dense)              (None, 1)                 257
=================================================================
Total params: 21,137,729
Trainable params: 13,502,465
Non-trainable params: 7,635,264
_________________________________________________________________
```

6.3.5 ジェネレータを生成する

学習用の画像をミニバッチ単位で読み込むためのジェネレータを、ImageDataGeneratorを使って生成します（リスト6.16）。ImageDataGeneratorでは引数を指定することでスケール変換やデータ拡張を行うことが可能です。

評価用の画像はバッチ単位で読み込む必要はないため、ここではジェネレータを使わないことにしました。

リスト6.16 ジェネレータの生成

In

```
from tensorflow.python.keras.preprocessing.image ➡
import ImageDataGenerator
from tensorflow.python.keras.applications.vgg16 import ➡
preprocess_input


# 学習用画像をロードするためのジェネレータを生成。スケール変換や➡
データ拡張の引数を指定
idg_train = ImageDataGenerator(
    rescale=1/255.,
    shear_range=0.1,
    zoom_range=0.1,
    horizontal_flip=True,
    preprocessing_function=preprocess_input
)
```

6.3.6 イテレータを生成する

次にジェネレータを使って、実際にデータを読み込むためのイテレータを生成します（リスト6.17）。このイテレータは学習用、検証用の2種類が必要になります。flow_from_directoryメソッドを使うと、学習時や予測時に、指定されたディレクトリからbatch_sizeの数だけ画像を読み込んで1ミニバッチ分の画像と正解ラベルを返してくれるイテレータを生成できます。実行結果としては、flow_from_directoryメソッドが出力した、対象ディレクトリ内の画像数とクラス数が表示されています。

リスト6.17 イテレータの生成

In

```
# 画像をロードするためのイテレータを生成

# 訓練用データ（学習時に利用）
img_itr_train = idg_train.flow_from_directory(
    'img/shrine_temple/train',
    target_size=(224, 224),
    batch_size=16,
    class_mode='binary'
)

# 検証用データ（学習時に利用）
img_itr_validation = idg_train.flow_from_directory(
    'img/shrine_temple/validation',
    target_size=(224, 224),
    batch_size=16,
    class_mode='binary'
)
```

Out

```
Found 600 images belonging to 2 classes.
Found 200 images belonging to 2 classes.
```

6.3.7 モデルの学習

学習を行う前に、必要な準備を行います。モデルや損失の保存をするためのディレクトリを生成しておきます。リスト6.18のプログラムを実行すると、「model」ディレクトリ配下に実行した日時を表すサブディレクトリが生成されます。

リスト6.18 モデル保存用のディレクトリを作成

In

```
import os
from datetime import datetime
```

```
# モデル保存用ディレクトリの準備
model_dir = os.path.join(
    'models',
    datetime.now().strftime('%y%m%d_%H%M')
)
os.makedirs(model_dir, exist_ok=True)
print('model_dir:', model_dir)  # 保存先のディレクトリ名を表示

dir_weights = os.path.join(model_dir, 'weights')
os.makedirs(dir_weights, exist_ok=True)
```

Out

```
model_dir: models\180323_1209
```

作成したディレクトリに、ネットワーク構造と学習時のクラスラベルを保存しておきましょう。ここでクラスラベルとは、$\{0, 1\}$がそれぞれ「寺」を指すのか、「神社」を指すのか明確にするもので、イテレータから取得可能です（リスト6.19）。

リスト6.19 ネットワーク構造とクラスラベルの保存

In

```
import json
import pickle


# ネットワークの保存
model_json = os.path.join(model_dir, 'model.json')
with open(model_json, 'w') as f:
    json.dump(model.to_json(), f)

# 学習時の正解ラベルの保存
model_classes = os.path.join(model_dir, 'classes.pkl')
with open(model_classes, 'wb') as f:
    pickle.dump(img_itr_train.class_indices, f)
```

次に学習時に指定する必要のある値を事前に算出します。

ミニバッチをいくつ学習した場合に1エポックとみなすかを計算しておきます。学習用、検証用をそれぞれ計算し、steps_per_epoch、validation_ stepsという変数に格納しておきます（リスト6.20）。一般に手元のデータのすべてを一通り学習させたときに1エポックと数えるため、全データ数をバッチサイズで割って算出しています。

リスト6.20 何ミニバッチ分学習すれば1エポックになるのかを計算する

In

```
import math


# 何バッチ分学習すれば1エポックかを計算（学習時に指定する必要があるため）
batch_size = 16
steps_per_epoch = math.ceil(
    img_itr_train.samples/batch_size
)
validation_steps = math.ceil(
    img_itr_validation.samples/batch_size
)
```

モデルの重みや損失の保存を定期的に（エポック単位で）行いたいため、Callbacksを利用します。ここではModelCheckpointを使って、重みを5エポックごとに保存し、CSVLoggerを使って損失をCSV形式で出力するように設定しています（リスト6.21）。

これで準備は整いましたので、実際にモデルを学習させます（リスト6.22）。fit_generatorメソッドの引数として、学習用データのイテレータと学習するエポック数、検証用データのイテレータを指定します。事前に算出した、steps_per_epochとvalidation_stepsも引数として渡しています。学習が開始すると進捗がプログレスバーに出力されます。

リスト6.21 Callbackを生成し設定する

In

```
from tensorflow.python.keras.callbacks import ➡
ModelCheckpoint, CSVLogger


# Callbacksの設定
cp_filepath =  os.path.join(dir_weights, 'ep_{epoch:➡
02d}_ls_{loss:.1f}.h5')
```

```
cp = ModelCheckpoint(
                     cp_filepath,
                     monitor='loss',
                     verbose=0,
                     save_best_only=False,
                     save_weights_only=True,
                     mode='auto',
                     period=5
                     )

csv_filepath =  os.path.join(model_dir, 'loss.csv')
csv = CSVLogger(csv_filepath, append=True)
```

リスト6.22 モデルの学習

In

```
n_epoch = 30

# モデルの学習
history = model.fit_generator(
    img_itr_train,
    steps_per_epoch=steps_per_epoch,
    epochs=n_epoch,  # 学習するエポック数
    validation_data=img_itr_validation,
    validation_steps=validation_steps,
    callbacks = [cp, csv]
)
```

Out

```
Epoch 1/30
38/38 [==============================] - 10s - loss: ➡
0.6463 - acc: 0.6380 - val_loss: 0.4306 - val_acc: 0.8850
Epoch 2/30
38/38 [==============================] - 12s - loss: ➡
0.4640 - acc: 0.8026 - val_loss: 0.3285 - val_acc: 0.8900
(略)
```

学習が終わったら、学習したモデルを使って予測をしてみましょう。予測対象の画像は、ランダムに評価用画像を取得する自作関数を使って読み出し、predictメソッドに渡しています（リスト6.23）。戻り値としてその画像が「寺社」である確率が返ってきます。出力される確率は学習条件や初期条件によって異なります。

リスト6.23 学習したモデルを使って予測する

In

```
from utils import load_random_imgs

# 予測結果を算出する（推論）
test_data_dir = 'img/shrine_temple/test/unknown'
x_test, true_labels = load_random_imgs(
    test_data_dir,
    seed=1
)
x_test_preproc= preprocess_input(x_test.copy())/255.
probs = model.predict(x_test_preproc)

probs
```

Out

```
array([[ 0.07558866],
       [ 0.01951813],
       [ 0.78004283],
       [ 0.99680686],
       [ 0.0221136 ],
       [ 0.03323672],
       [ 0.99999917],
       [ 1.        ]], dtype=float32)
```

1
2
3
4
5
6
7
8
9
10
11
12
学習済みモデルの活用

最後に予測結果を評価画像とともに表示してみましょう。自作の関数を使って表示します（リスト6.24）。結果は図6.4のようになっています。画像の上に、「神社」「寺」の予測確率が表示されています。2行目にはTrue:に続いて正解クラスが表示されています。

リスト6.24 結果を評価する

In

```
from utils import show_test_samples


# 評価用画像の表示
show_test_samples(
    x_test, probs,
    img_itr_train.class_indices,
    true_labels
)
```

Out

```
#図6.4を参照
```

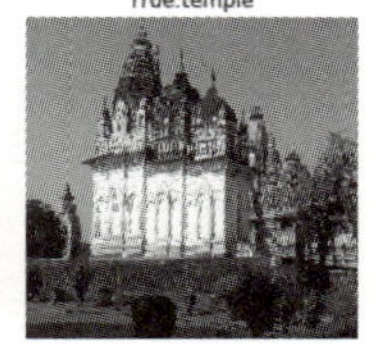

図6.4 予測結果

出典 flickr
URL https://www.flickr.com/

なお、学習曲線は図6.5のようになります※2。

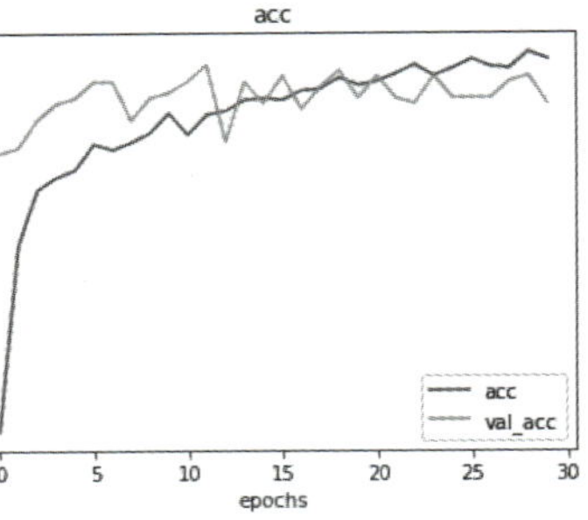

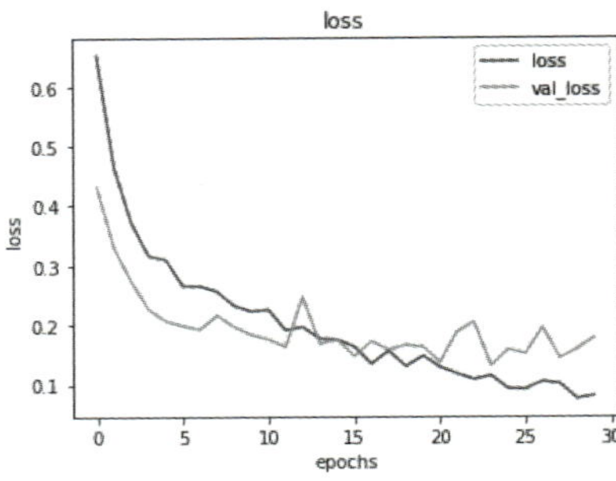

図6.5 学習曲線

※2　図6.5を表示するコードはサンプルを参照してください。

6.4 まとめ

本章で解説した内容をまとめました。

6.4.1 学習済みモデルの活用について

本章では学習済みモデルの活用方法について「学習せずにそのまま使う」「一部を再学習する」という2つのケースを学びました。ここで紹介した「寺」「神社」分類タスクの実例は複雑なものでないため、学習済みモデルを使った場合と小さなモデルを一から組んだ場合で精度や手間に大差はない可能性がありますが、複雑なタスクにおいては学習済みモデルは有効なケースが多く、業務でも様々なシーンで応用できます。**第11章**で紹介する画風変換ではまた違った形で学習済みモデルの活用がされており、活用の幅広さも感じることができます。これまでの章を通して、深層学習の画像タスクにおける基本的な仕組みや代表的なネットワークを学びましたので、次の**第7章**では第2部の応用編に向けてKerasでよく使われる機能を紹介します。

CHAPTER 7

よく使うKerasの機能

本章では第1部の締めくくりとして、ここまでの章で触れていない、その他の実践的な技術要素について、Kerasでの使い方と併せて説明します。
第2部の応用編の準備として、近年の深層学習でよく使われる技術について紹介します。技術の詳細よりも、Kerasでの利用方法にフォーカスして説明しています。
本章に一度目を通しておくと本書の後半をスムーズに読み進めることができると思います。

7.1 Kerasレイヤーオブジェクト

よく利用されるKerasレイヤーについて説明します。

7.1.1 Kerasレイヤー

Kerasでは、ニューラルネットワークでよく利用される構成要素を「Kerasレイヤー」という共通したインターフェイスを持つオブジェクトとして提供しています。利用者はこれらのレイヤーを積み重ねていくことで、容易にネットワークを構築することが可能となっています。

7.1.2 Dropout（ドロップアウト）レイヤー

Dropoutレイヤーは、ネットワーク内の一部のユニットを無効にする機能を提供します（図7.1）。これはパラメータが多く表現力の高いネットワークの自由度を抑え、過学習を防ぐことで、最終的なテストデータでの精度を向上させる役割を持ちます。

Dropoutはシンプルな仕組みで精度を向上させる強力なアプローチの1つです。処理としては、入力値から一定比率（rate）分だけランダムに選択し、選択された入力値を強制的に0とすることで、ユニットの無効化を実現しています（リスト7.1）。

Kerasでは Dropoutレイヤーを追加することで、Dropout機能を追加できます。ただし、過度なDropoutは学習不足や学習速度の低下を引き起こす可能性があることに注意してください。

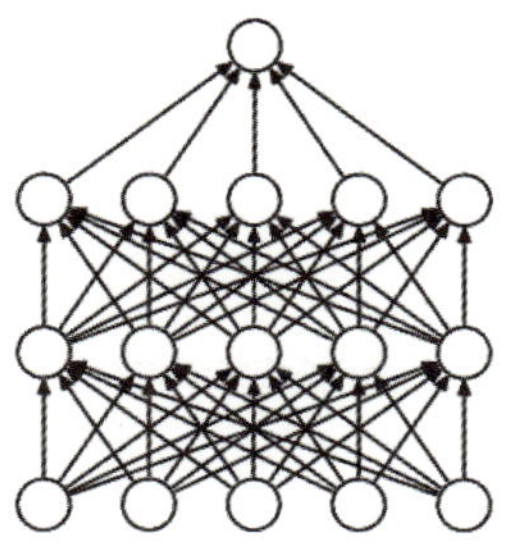

(a) Standard Neural Net

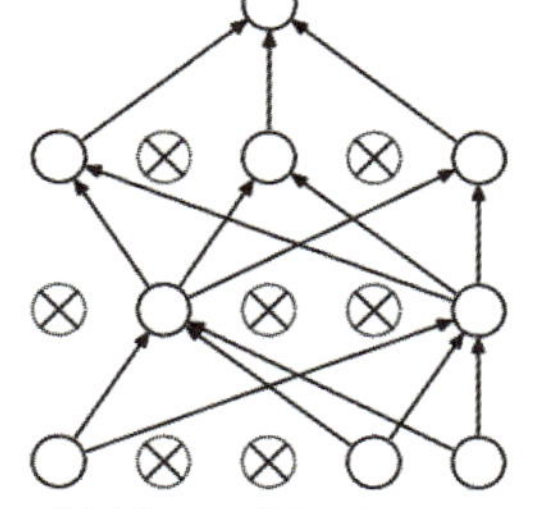

(b) After applying dropout.

Figure 1: Dropout Neural Net Model. **Left**: A standard neural net with 2 hidden layers. **Right**: An example of a thinned net produced by applying dropout to the network on the left. Crossed units have been dropped.

図7.1 Dropoutのイメージ

出典 「Dropout: A Simple Way to Prevent Neural Networks from Overfitting」（Nitish Srivastava、Geoffrey Hinton、Alex Krizhevsky、Ilya Sutskever、Ruslan Salakhutdinov、2014)、Figure 1より引用

URL https://www.cs.toronto.edu/~hinton/absps/JMLRdropout.pdf

無効化するユニットの比率（rate）は0.2〜0.5あたりとすることが多いです。またDropoutが適用されるのは学習時のみで、推論時にはすべてのユニットを用いて予測値が計算されます。

リスト7.1 Dropoutレイヤーの使用例

In

```
# Dropoutレイヤーを含む、Sequentialモデルの例
from tensorflow.python.keras.models import Sequential
from tensorflow.python.keras.layers import Dense, Dropout


model = Sequential()
model.add(Dense(64, activation='relu', input_dim=20))
model.add(Dropout(0.5))  # Dropoutをrate=0.5で適用
model.add(Dense(64, activation='relu'))
model.add(Dropout(0.5))
model.add(Dense(10, activation='softmax'))

model.compile(
    loss='categorical_crossentropy',
    optimizer='SGD',
    metrics=['accuracy']
)
```

7.1.3 BatchNormalizationレイヤー

BatchNormalizationレイヤーでは、バッチごとに、次のレイヤーへの入力値を正規化します（リスト7.2）。

第5章までに構築したモデルでは、入力データを255で割ることで、モデルへの入力値が[0, 1]の範囲に収まるように正規化していました。これは、そのほうがニューラルネットワークの学習が進みやすいことが知られているからです。

多層ニューラルネットワークの場合は、入力層だけでなく中間層についても正規化することで精度が上がるのではないか、と考えるのは自然なことでしょう。

実際BatchNormalizationレイヤーを導入することで、多くの場合学習が安定し、精度も向上することが知られています。

学習が安定すると、学習率を大きくとることができるため、学習速度の向上も期待できます。またBatchNormalizationには正則化の機能があるため、Dropoutなどを別途追加する必要性が少なくなります。

リスト7.2 BatchNormalizationレイヤーの使用例

In

```
# BatchNormalizationレイヤーを含む、Sequentialモデルの例
from tensorflow.python.keras.models import Sequential
from tensorflow.python.keras.layers import Dense,
Activation, BatchNormalization


model = Sequential()
model.add(Dense(64, input_dim=20))
model.add(BatchNormalization())
model.add(Activation('relu'))
model.add(Dense(64))
model.add(BatchNormalization())
model.add(Activation('relu'))
model.add(Dense(10, activation='softmax'))

model.compile(
    loss='categorical_crossentropy',
    optimizer='SGD',
    metrics=['accuracy']
)
```

7.1.4 Lambdaレイヤー

Lambdaレイヤーを使うことで、任意の式や関数をKerasレイヤーオブジェクトとしてネットワークに組み込むことが可能になります（リスト7.3）。例えば、入力値のすべてを255で割るなどの変換は、タスクによってしばしば必要となる処理ですが、個別のKerasのレイヤーとしてはもちろん用意されていません。

Lambdaレイヤーは、任意の関数をラップ MEMO参照 することで、このような個別の処理をレイヤーオブジェクトのように利用するための機能です。

リスト7.3 Lambdaレイヤーの使用例

In

```
# Lambdaレイヤーを導入する例
from tensorflow.python.keras.layers import Input, Lambda
from tensorflow.python.keras.models import Model


model_in = Input(shape=(20,))
x = Lambda(lambda x: x/255.)(model_in)
x = Dense(64, activation='relu')(x)
model_out = Dense(10, activation='softmax')(x)

model = Model(inputs=model_in, outputs=model_out)
model.compile(
    loss='categorical_crossentropy',
    optimizer='SGD',
    metrics=['accuracy']
)
```

MEMO

ラップ

クラスや関数などが提供する機能を、別のクラスや関数などで覆い、他の形で提供することをラップすると言う。その機能を持つものをラッパーと言う。

7.2 活性化関数（Activation）

よく利用されるKerasの活性化関数について説明します。

7.2.1 多様な活性化関数

深層学習では、これまで登場したReLUやシグモイド、softmax以外にも多様な活性化関数が用いられます。活性化関数は、タスクに合わせて選択したり、論文などでよい成果が出ている関数を選ぶことが多いですが、それぞれがどういった特徴を持っているのかを把握しておくことが重要です。

ここでは第2部で登場する関数を中心に、いくつか活性化関数を紹介します。紹介する活性化関数はどれもReLUに変更が加えられた関数です。これらは勾配消失MEMO参照を防いで効率的に学習を進めるための工夫がされています。

MEMO

勾配消失

誤差の逆伝播を行う際に、出力層から遡るにしたがって、誤差が小さくなり学習できない状態を指す。

7.2.2 Kerasにおける活性化関数の利用方法

Kerasでの活性化関数の利用方法をおさらいしましょう。Kerasでの活性化関数の追加は、大きく2つの方法が用意されています。

1つはレイヤーオブジェクトの`activation`引数で指定する方法。もう1つは、個別のActivationレイヤーを呼び出して、明示的にネットワークに追加する方法です。

`activation`引数は、`Dense`や`Conv2D`など、重みパラメータを持つ一般的なレイヤーで指定できます。手軽に追加できますが、活性化層として独立して扱うことができなくなります（リスト7.4）。

個別のActivationレイヤーを生成する場合は、一般的なレイヤーと同様に生成し、ネットワークに追加します（リスト7.5）。

リスト7.4 レイヤーの引数を使って活性化関数を追加する例

In

```
# Denseレイヤーの引数として、reluやsigmoidを指定して、活性化を➡
追加している
model = Sequential()
model.add(Dense(64, activation='relu', input_dim=20))
model.add(Dense(1, activation='sigmoid'))
model.compile(
    loss='binary_crossentropy',
    optimizer='SGD',
    metrics=['accuracy']
)
```

リスト7.5 Activationレイヤーを呼び出して活性化関数を生成・追加する例

In

```
# Activationレイヤーを呼び出して、個別に活性化層を追加している
from tensorflow.python.keras.layers import Activation
from tensorflow.python.keras.activations import relu


model = Sequential()
model.add(Dense(64, input_dim=20))
model.add(Activation('relu'))
model.add(Dense(1))
model.add(Activation('sigmoid'))

model.compile(
    loss='binary_crossentropy',
    optimizer='SGD',
    metrics=['accuracy']
)
```

7.2.3 第2部で利用する主な活性化関数

ReLU

ReLU（Rectified Linear Unit）は、入力値が0以下の場合は0、正の値の場合は入力値をそのまま出力します（図7.2）。

シグモイド関数では入力値が大きくなるにつれて傾きが小さくなっていましたが、ReLUの場合は一定です。これにより、勾配消失問題が緩和できることが知られています。

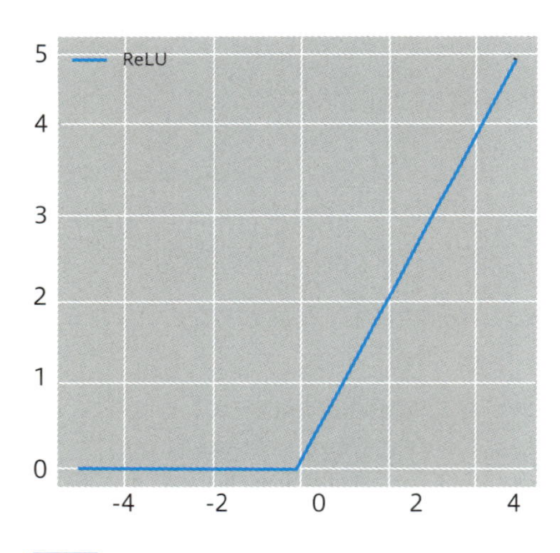

図7.2 ReLU

LeakyReLU

LeakyReLUは、ReLUの特別なバージョンで、ユニットがアクティブでないとき($x \leq 0$)でも微少な勾配を可能とします（図7.3）。これにより勾配消失を防ぎ、学習速度を向上させる効果が期待できます。

DCGAN（Deep Convolutional Generative Adversarial Network）と呼ばれるモデルでよく利用されます。

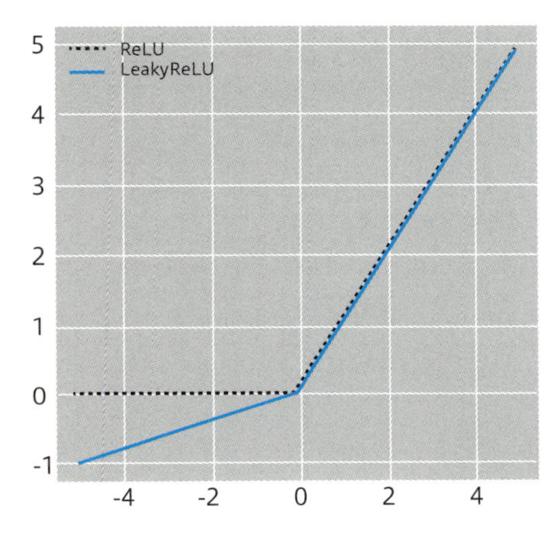

図7.3 LeakyReLU

ELU

ELU（Exponential Linear Unit）は、LeakyReLUと同様にユニットがアクティブでないときの勾配に工夫があります。

LeakyReLUは入力値が0以下の場合、傾きの小さな線形関数で変換しますが、ELUでは負の入力に対して指数関数から1を引いた値を適用しています（図7.4）。これにより負の値の入力があったときの挙動がLeakyReLUと異なります。

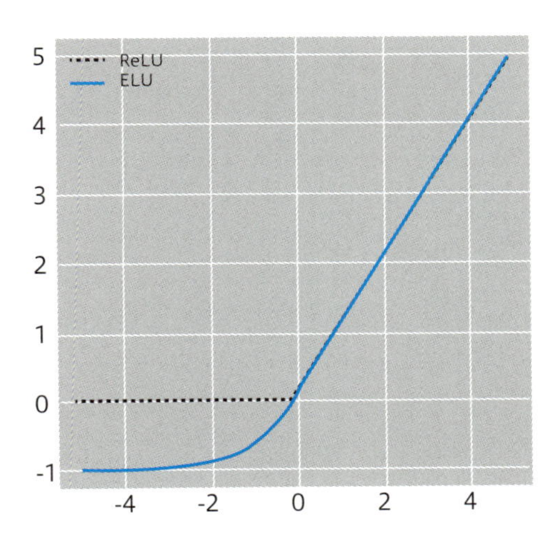

図7.4 ELU

Clipped ReLU

Clipped ReLUはReLUの出力値が一定の大きさ以上にはならないように変更されたものです。ReLUでは、入力が正の値のときに線形な変換が適用されますが、Clipped ReLUでは入力に対して、出力は頭打ち状態（Clipping）になります（図7.5）。

勾配爆発に対する対処方法として、音声認識のネットワークに導入されたのが最初となります。Kerasでは、relu関数のmax_value引数を指定することでも、このClippingを実現することができます（リスト7.6）。

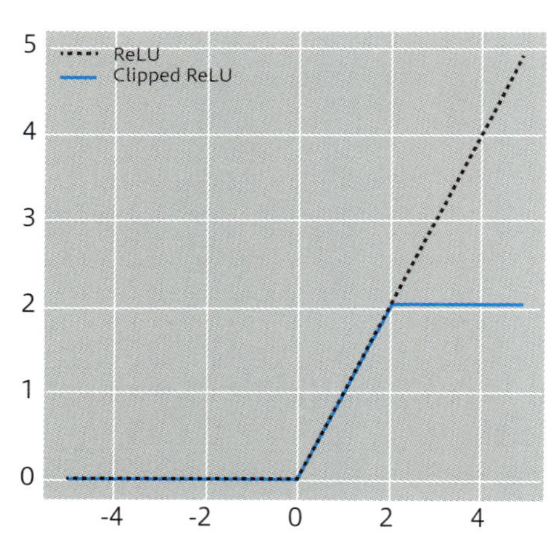

図7.5 Clipped ReLU

リスト7.6 Clipped ReLUの例

```
# Clipped ReLUの例
from tensorflow.python.keras.layers import Activation
from tensorflow.python.keras.activations import relu


model = Sequential()
model.add(
    Dense(
        64,
        input_dim=20,
        activation=lambda x: relu(x, max_value=2)
    )
```

```
)
model.add(Dense(1, activation='sigmoid'))

model.compile(
    loss='binary_crossentropy',
    optimizer='SGD',
    metrics=['accuracy']
)
```

7.3 ImageDataGenerator

Kerasでは、学習・推論時に入力する画像の処理を効率的に行うためにImageDataGeneratorというジェネレータが用意されています。ImageDataGeneratorを使うことで、前処理をリアルタイムに実施し、ミニバッチサイズ単位でモデルにデータを渡すことが容易に行えます。具体的な使い方を確認してみましょう。

7.3.1 ImageDataGeneratorの生成と前処理

まず、ImageDataGeneratorを生成してみましょう。生成時のオプションによって（表7.1）、画像に対してどのような前処理を行うかを指定できます。オプションの種類が多いため、ここでは利用頻度の高い内容に絞って紹介します。

表7.1 ImageDataGeneratorの代表的なオプションと内容

オプション	内容
rescale	スケール変換。与えられた値をデータに積算する
rotation_range	画像をランダムに回転する回転範囲（0-180）
width_shift_range	ランダムに水平シフトする範囲
height_shift_range	ランダムに垂直シフトする範囲
shear_range	シアー強度（反時計回りのシアー角度（ラジアン））
zoom_range	ランダムにズームする範囲
horizontal_flip	水平方向に入力をランダムに反転する
vertical_flip	垂直方向に入力をランダムに反転する

最も利用頻度の高いオプションはrescaleオプションです。深層学習モデルでは、効率的な学習を行うために入力値を$[0, 1]$の範囲にスケール変換することがありますが、オプションでrescale=1/255.と指定することで、この変換を実現できます（リスト7.7 ❶）。

次にデータ拡張に関連するオプションです。データ拡張は、入力画像にわずかに変換を加えて学習させることで、テストデータに対するモデルの予測精度を高める役割があります。リスト7.7 ❷以降の引数はすべて、このデータ拡張に関するオプションです。

図7.6 は各オプションごとにどのような変換が行われるかのイメージを表示しています。データ拡張で入力画像に対して、拡大・縮小、回転などの微小な変換を加えられていることが確認できます。

リスト7.7 ジェネレータの生成

In

```
from tensorflow.python.keras.preprocessing.image ➡
import ImageDataGenerator

# ImageDataGeneratorの生成
# 代表的なオプションを指定した例
gen = ImageDataGenerator(
    rescale=1/255.,  # スケール変換 ——— ❶
    rotation_range=90.,  # データ拡張関連 ——— ❷
    width_shift_range=1.,
    height_shift_range=.5,
    shear_range=.8,
    zoom_range=.5,
    horizontal_flip=True,
    vertical_flip=True
)
```

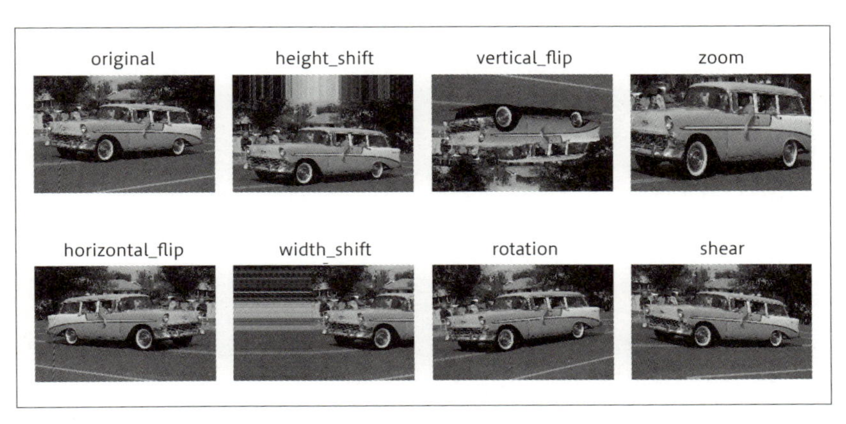

図7.6 ImageDataGeneratorのオプションとデータ拡張の例

出典 Open Images Dataset V3
URL https://github.com/openimages/dataset

7.3.2 ImageDataGeneratorを使ったデータの読み込み

ImageDataGeneratorを生成したあとは、flowメソッドやflow_from_directoryメソッドを呼び出し、指定した処理が適用された画像を、ミニバッチ単位で出力するようなイテレータを取得します。リスト7.8の例ではflow_from_directoryメソッドを用いてイテレータを生成し、nextメソッドを使って1ミニバッチ分のデータを取得しています。flow_from_directoryは、指定されたディレクトリ配下に、クラスごとのサブディレクトリが存在し、その中に各クラスに属する画像が格納されていると認識します。リスト7.8で指定されているディレクトリ配下には、25枚の画像と2つのサブディレクトリが存在するため、Found 25 images belonging to 2 classes.のメッセージが出力されています。

リスト7.8 イテレータの生成とデータの取得

In

```
# ディレクトリから画像を読み込み、イテレータを生成
iters = gen.flow_from_directory(
    'img',
    target_size=(32, 32),
    class_mode='binary',
    batch_size=5,
    shuffle=True
)

# イテレータから1ミニバッチ分のデータを取得
x_train_batch, y_train_batch = next(iters)

print('shape of x_train_batch:', x_train_batch.shape)
print('shape of y_train_batch:', y_train_batch.shape)
```

Out

```
Found 25 images belonging to 2 classes.
shape of x_train_batch: (5, 32, 32, 3)
shape of y_train_batch: (5,)
```

実際の学習・推論時には、Kerasのモデルオブジェクトのfit_generatorやpredict_generatorメソッドの引数に、生成したイテレータを渡します（リスト7.9）。

リスト7.9 イテレータを用いたモデルの学習

In

```
import math
from tensorflow.python.keras.models import Sequential
from tensorflow.python.keras.layers import Flatten, ➡
Dense, Conv2D


# 分類用モデルの構築
model = Sequential()
model.add(Conv2D(16, (3, 3), input_shape=(32, 32, 3)))
model.add(Flatten())
model.add(Dense(32, activation='relu'))
model.add(Dense(1, activation='sigmoid'))

model.compile(
    loss='binary_crossentropy',
    optimizer='rmsprop'
)


# 何ミニバッチ分学習すれば1エポックかを計算
steps_per_epoch = math.ceil(iters.samples/5)

# `fit_generator`メソッドにイテレータを渡す
histroy = model.fit_generator(
    iters,
    steps_per_epoch=steps_per_epoch
)
```

Out

```
Epoch 1/1
5/5 [==============================] - 0s - loss: 1.4480
```

7.4 まとめ

本章で解説した内容をまとめました。

7.4.1 紹介したKerasの機能について

本章で紹介した内容は、どれも近年の深層学習モデルの構築に欠かせない技術なので、読者の方が今後Webなどの情報を参考に新しいモデル構築に挑戦する際にも、必要となってくると思います。これらの内容を踏まえて第2部で実践的な深層学習モデルを用いた画像処理に取り組んでいきましょう。

Part 2

応用編

第1部では、TensorFlowやKerasの使い方、よく使用するレイヤー、CNNによる簡単な分類問題など、基本的な事柄について理解を深めました。
第2部では、第1部で学んだことを応用して、より複雑なモデルを構築し、発展的なタスクに取り組んでいきましょう。

第2部のコード実装では、リストPART2の内容が事前にインポートされていることを前提とします。

リストPART2　第2部のコード実装に必要な各種インポート群

```
import os
import glob
import math
import random

import numpy as np
import matplotlib.pyplot as plt

from tensorflow.python import keras
from tensorflow.python.keras import backend as K
from tensorflow.python.keras.models import Model, Sequential
from tensorflow.python.keras.layers import Conv2D, ➡
Dense, Input, MaxPooling2D, UpSampling2D, Lambda
from tensorflow.python.keras.preprocessing.image import ➡
load_img, img_to_array, array_to_img, ImageDataGenerator
```

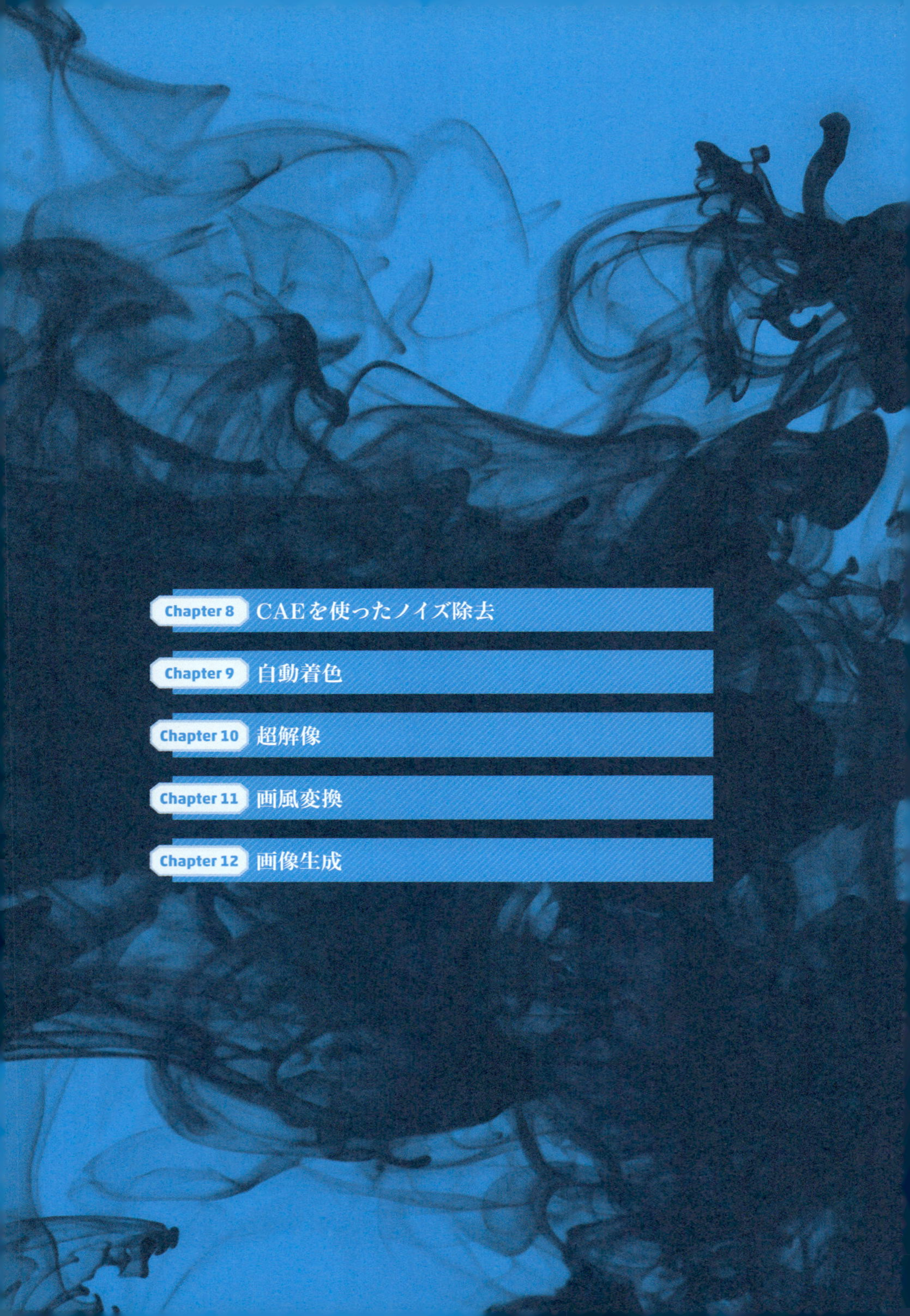
Chapter 8 CAEを使ったノイズ除去
Chapter 9 自動着色
Chapter 10 超解像
Chapter 11 画風変換
Chapter 12 画像生成

CHAPTER 8

CAEを使った ノイズ除去

CNNを用いた基本的なアーキテクチャとして、CAE（Convolutional Autoencoder：畳み込みオートエンコーダ）があります。
第8章では、CAEの簡単な応用例として、擬似的にノイズを加えた画像からオリジナル画像を復元する、ノイズ除去のタスクに取り組んでみましょう。

8.1 CAEの有用性

様々なタスクで用いられている、基本的なアーキテクチャであるCAEの有用性を紹介します。

8.1.1 CAEの適用例と有用性

畳み込みニューラルネットワークを用いた基本的なアーキテクチャとして、CAE（Convolutional Autoencoder）があります。

CAEとは、CNNを用いて、入力画像を圧縮し（エンコード）、圧縮したデータから入力画像を再構成する（デコード）モデルのことです（図8.1）。

エンコード、デコードをそれぞれ行うことで、出力するアーキテクチャのため、Encoder-Decoder（エンコーダ・デコーダ）の1種でもあります。

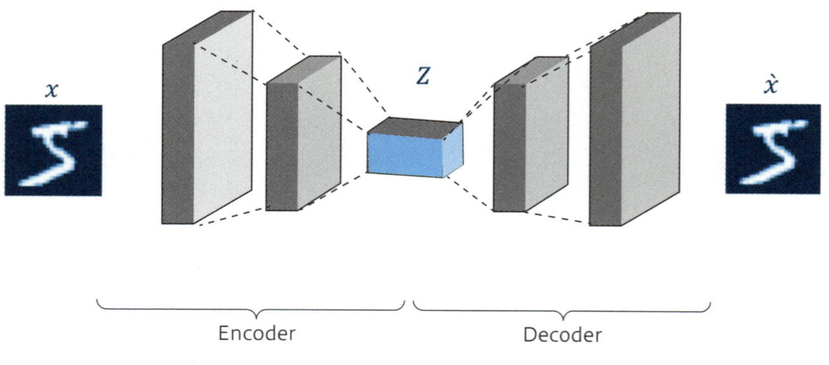

図8.1 CAEの概要図

CAEの実応用への適用例としては、車載カメラで撮影した画像から「人」、「道路」、「標識」などの領域を判別する「セマンティックセグメンテーション(Semantic Segmentaiton)」（図8.2）や、ラベルの付いていないデータセットから異常な画像を特定する「異常検知」などがあります。

この章では最も基本的な形のCAEを扱いますが、第10章の超解像や第12章の画像生成では工夫を行うことで、高解像度の画像を生成できるようにしています。

図8.2 車載画像から、「人」、「車」、「白線」、「道路」がどこにあるか、それぞれの領域を検出するセマンティックセグメンテーションの例

出典 「SegNet: A Deep Convolutional Encoder-Decoder Architecture for Image Segmentation」(Vijay Badrinarayanan, Alex Kendall, Roberto Cipolla, Senior Member, IEEE, 2016)、Fig. 1より引用

URL https://arxiv.org/pdf/1511.00561.pdf

本章では、DAEと呼ばれるAutoencoderの頑健性を高める手法とCAEを組み合せて、擬似的に画像のノイズ除去を行っていきます。

ノイズ除去の例を見ていきながら、CAEの有用性を実感していきましょう。

8.2 Autoencoder、CAE、DAE

Autoencoder、CAE、DAEと呼ばれるアーキテクチャがそれぞれどのように違うか、確認していきましょう。

8.2.1 Autoencoderとは

Autoencoderとは、出力データ$\hat{\boldsymbol{x}}$が入力データ$\boldsymbol{x}$に近づくように学習を行う、ニューラルネットワークのアーキテクチャの一種です。元々Autoencoderは、次元削減の分野において活用されていました。

具体的には、入力データ$\boldsymbol{x}$を中間層$\boldsymbol{z}$に圧縮しようとする符号器関数(Encoder)、中間層$\boldsymbol{z}$を入力データ$\boldsymbol{x}$に復元しようとする再構成器関数(Decoder)から構成される、シンプルな構造になっています（図8.3左）。中間層$\boldsymbol{z}$の次元の大きさを、入力データ$\boldsymbol{x}$よりも小さい次元にすることで、入力データ$\boldsymbol{x}$を再現することができるような、低次元の特徴を持った中間層$\boldsymbol{z}$を得ることができます。特徴を捉えたまま次元を削減することで、データを圧縮することができるため、従来の次元削減と同じような効果を得ることができます。

実際にAutoencoderは、初期の次元削減の研究では、RBM（Restricted Boltzmann Machine：制限付きボルツマンマシン）と組み合わせることで、PCA（Principal Component Analysis：主成分分析）より再構成誤差が少なく、定性的に解釈ができる、といったことがわかっています。

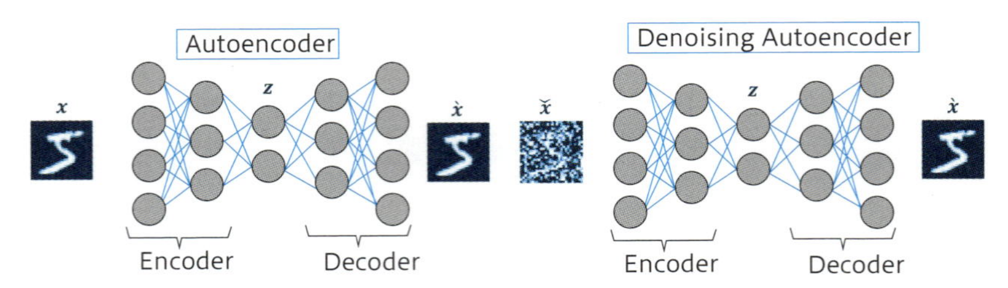

図8.3 AutoencoderとDenoising Autoencoderの概要図

出典 「A Fast Learning Algorithm for Deep Belief Nets」（Geoffrey E. Hinton、Simon Osindero、Yee-Whye Teh、2005）

URL http://www.cs.toronto.edu/~fritz/absps/ncfast.pdf

8.2.2 CAEとは

Autoencoderでは、それぞれの層でMLP、つまり、すべてのニューロン同士が密に結合する形をとっていました。一方で、CAE (Convolutional Autoencoder) は、EncoderとDecoderの箇所で、第4章で学んだCNNを用いるアーキテクチャになっています。

一般的に画像処理の分野では、MLPよりCNNのほうが2次元の画像構造をよく捉えた学習を行うことができる、とされています。Autoencoderの構造も例外ではなく、MLPの代わりにCNNを取り入れることで、同じような効果が期待されます。

Encoderの箇所は、畳み込み層とプーリング層で構成されており、入力データ$\boldsymbol{x}$を圧縮したような中間層$\boldsymbol{z}$にします。Decoderの箇所は、畳み込み層とアップサンプリング層（もしくは、転置畳み込み層（9.2節参照）で構成されており、中間層$\boldsymbol{z}$から再構成を行い、$\hat{\boldsymbol{x}}$を出力します。

アップサンプリングとは、画像の拡大処理のことで、指定した列・行サイズ分だけ繰り返して並べる処理を行っています（図8.4）。

図8.5左で、CAEの概要図を表しています。

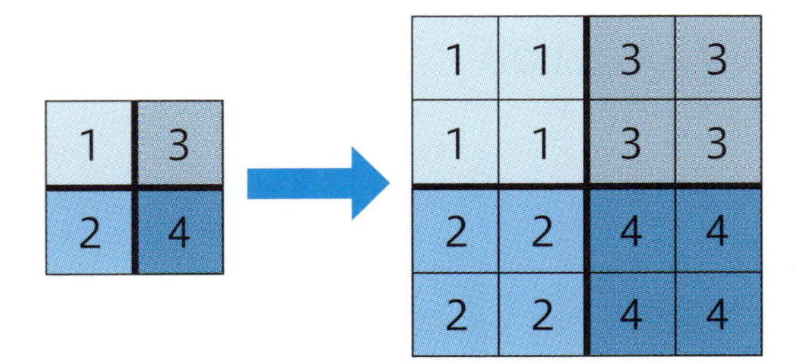

図8.4 2×2の画像を4×4に拡大するアップサンプリングの処理の例

ATTENTION

本書でのCAEの扱いについて

Autoencoderは、基本的に入力データと正解（出力）データが同一のものを指すモデルです。そのため、厳密に言うと、入力データと正解（出力）データが別の場合は、Autoencoderとは呼ばず、Encoder-Decoderと呼ぶことが多いです。例えば、第9章で行うような「自動着色」は、入力データが「L：画像の明るさ」に対して、正解（出力）データが「AB：画像の色成分」になっています。

ただし、Encoder-Decoderはより広い概念のため、本書では、データによって特に区別をせず、CNNでエンコード・デコードを行うアーキテクチャの構造自体を「CAE」と呼ぶことにします。

8.2.3 DAEとは

DAE（Denoising Autoencoder：デノイジングオートエンコーダ）とは、Autoencoderの入力データ$\boldsymbol{x}$にノイズを加えた$\dot{\boldsymbol{x}}$をモデルの入力画像とするアーキテクチャのことです。Autoencoderは、出力データ$\dot{\boldsymbol{x}}$を入力データ$\boldsymbol{x}$に近づけるように学習を行っていきますが、DAEはノイズ混じりの入力データ$\hat{\boldsymbol{x}}$を入力して、ノイズを除去しながらオリジナルデータ$\boldsymbol{x}$に近づけるように学習を行っていきます。

そのため、Autoencoderより頑健に再構成ができるとされています（出典参照）。DAEが提唱された上記の論文では、ノイズを足すことでなぜ頑健になるのか、様々な観点で解説しています。しかし、本書では、DAEはノイズが加わったデータを入力画像としたときのAutoencoder、程度の解釈で進めていきます。

また、本章では、CAEを用いるため、図8.5右のDenoising CAEのような構造になっています。

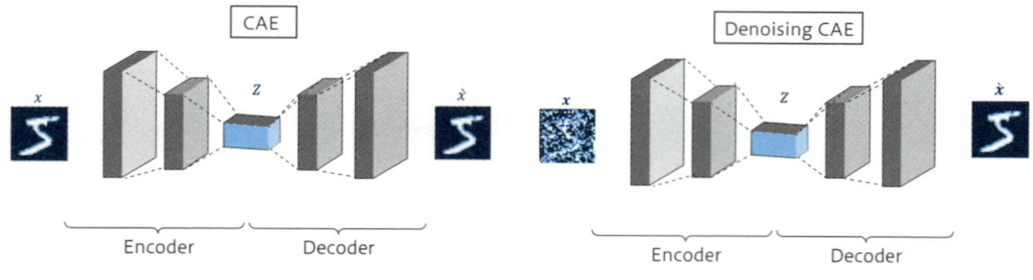

図8.5 CAEとDenoising CAEの概要図

出典「Extracting and Composing Robust Features with Denoising Autoencoders」
(Pascal Vincent, Hugo Larochelle, Yoshua Bengio, Pierre-Antoine Manzagol, 2008)

URL http://www.cs.toronto.edu/~larocheh/publications/icml-2008-denoising-autoencoders.pdf

8.3 ノイズ除去を行う

DAEは、頑健なモデルの構築が目的のため、ノイズ除去が本来の目的ではありませんが、擬似的なノイズを除去できるかどうか、確認してみましょう。

8.3.1 ノイズ除去

ところで、入力画像のノイズが除去できると、どんな場面で嬉しいのでしょうか？

例えば、ノイズ除去の応用先として、OCR（Optical Character Recognition：光学的文字認識）と呼ばれる技術の前処理に使うことができます。

参照　The Application of Deep Convolutional Denoising Autoencoder for Optical Character Recognition Preprocessing

URL　http://ieeexplore.ieee.org/document/8262546/

OCRは手書きや印刷された文字が写っている画像から、文字を認識して、文字コードに変換します。そうすることで、検索することができたり、自動でカテゴリ分けなどをすることができます。

例えば、近年のはがき管理ソフトでは、OCRを用いて氏名や住所、郵便番号の文字認識を行い、自動で差出人の振り分けを行うといったような機能があります。

しかし、古い文献や汚れたはがきだと、文字として認識することが難しい場合があります。そのような場合に、ぐちゃぐちゃの文字（つまり、ノイズ混じりの文字）を元の文字に復元することができると、画像から文字コードとして認識することができるようになります。

それでは、実際にコードを動かしながら追ってみましょう。

1. データセットの読み込み
2. 擬似的なノイズデータの作成
3. CAEモデルの構築
4. モデルのサマリを確認
5. ガウシアンノイズデータを用いた学習と予測
6. マスキングノイズデータを用いた学習と予測

8.3.2　データセットの読み込み

ここでは、4.2節で使用していた「MNIST」のデータセットを再度用いることにします。また、第2部からは、事前にP.167のインポート群をインポートしていることを前提としています。

リスト8.1　MNISTデータセットの読み込みと前処理

In

```
from tensorflow.python.keras.datasets import mnist


(x_train, _), (x_test, _) = mnist.load_data()  ──── ❶
# CNNで扱いやすい形に変換
x_train = x_train.reshape(-1, 28, 28, 1)
x_test = x_test.reshape(-1, 28, 28, 1)
# 画像を0-1の範囲に正規化
x_train = x_train/255.
x_test = x_test/255.
```

MNISTモジュールのload_data関数を呼び出すと（リスト8.1 ❶）、numpy.ndarrayの形式でMNISTのデータセットを読み込むことができます。ここでは小さいデータセットのため、ジェネレータを使わずに、全データセットを呼び出しています。

また、データセットの呼び出し時には、x_train, x_testはそれぞれ(60000, 28, 28)、(10000, 28, 28) というサイズになっていますが、ここでは画像をCNNに入力するため、チャンネルの次元を加えて、CNNで扱いやすい形(60000, 28, 28, 1) に変換します。

ここではMNISTデータセットに対して2種類のノイズを加えることで、擬似的なノイズデータを作成し、CAEで学習させることで、ノイズを除去できるかどうかを確認してみましょう。

8.3.3　擬似的なノイズデータの作成

まずは、「マスキングノイズ」、「ガウシアンノイズ」の2種類のノイズを加えることで、擬似的にノイズデータを生成してみましょう。

マスキングノイズデータ

マスキングノイズデータは、MNISTデータセットから読み込んできた数字の画像データ（28, 28）のnumpy.ndarrayの一部をマスキング、つまり、値を0にしてしまうことで、ノイズデータを擬似的に作成します（リスト8.2）。

リスト8.2 マスキングノイズを加えて、擬似ノイズデータを生成

In

```
def make_masking_noise_data(data_x, percent=0.1):
    size = data_x.shape
    masking = np.random.binomial(n=1, p=percent, ➡
size=size)
    return data_x*masking

x_train_masked = make_masking_noise_data(x_train)
x_test_masked = make_masking_noise_data(x_test)
```

ガウシアンノイズデータ

次に、ガウス分布から生成される乱数を加えることで、マスキングノイズデータとは別の種類のノイズデータを擬似的に作成します。ガウシアンノイズを加えることで、画像が持つ値の最大値、最小値を超えてしまうので、numpyのclipメソッドで下にはみ出した値を0に、上にはみ出した値を1にしています（リスト8.3 ❶）。

リスト8.3 ガウシアンノイズを加えて、擬似ノイズデータを生成

In

```
def make_gaussian_noise_data(data_x, scale=0.8):
    gaussian_data_x = data_x + np.random.normal(loc=0, ➡
scale=scale, size=data_x.shape)
    gaussian_data_x = np.clip(gaussian_data_x, 0, 1) ——❶
    return gaussian_data_x

x_train_gauss = make_gaussian_noise_data(x_train)
x_test_gauss = make_gaussian_noise_data(x_test)
```

リスト8.4 ノイズを加えた画像とオリジナル画像との比較

In

```
from IPython.display import display_png


display_png(array_to_img(x_train[0]))
display_png(array_to_img(x_train_gauss[0]))
display_png(array_to_img(x_train_masked[0]))
```

Out

```
#図8.6を参照
```

人が見ても何の数字か判別することが難しいようなノイズデータが作成されました（リスト8.4、図8.6）。果たして、CAEでうまくノイズ除去を行うことができるでしょうか。

図8.6 ノイズを加えた画像とオリジナル画像との比較
（左から順にオリジナル画像、ガウシアンノイズ画像、マスキングノイズ画像）

8.3.4 CAEモデルの構築

それでは、KerasでCAEのモデルを構築していきましょう（リスト8.5）。

リスト8.5 CAEモデルの構築

In

```
autoencoder = Sequential()

# Encoder箇所
autoencoder.add(
    Conv2D(
        16,
        (3, 3),
        1,
```

❶

```
            activation='relu',
            padding='same',
            input_shape=(28, 28, 1)
        )
)
autoencoder.add(
    MaxPooling2D(
        (2, 2),
        padding='same'
    )
)
autoencoder.add(
    Conv2D(
        8,
        (3, 3),
        1,
        activation='relu',
        padding='same'
    )
)
autoencoder.add(
    MaxPooling2D(
        (2, 2),
        padding='same'
    )
)                                                          ❶

# Decoder箇所
autoencoder.add(
    Conv2D(
        8,
        (3, 3),
        1,
        activation='relu',
        padding='same'
    )
)                                                          ❷
autoencoder.add(UpSampling2D((2, 2)))
autoencoder.add(
```

```
    Conv2D(
        16,
        (3, 3),
        1,
        activation='relu',
        padding='same'
    )
)
autoencoder.add(UpSampling2D((2, 2)))
autoencoder.add(
    Conv2D(
        1,
        (3, 3),
        1,
        activation='sigmoid',
        padding='same'
    )
)

autoencoder.compile(
    optimizer='adam',
    loss='binary_crossentropy'
)
initial_weights = autoencoder.get_weights()
```

構築したモデルは、リスト8.5 ❶からなるEncoderの箇所、リスト8.5 ❷からなるDecoderの箇所に分かれています。

Encoderは、2層の畳み込み層・プーリング層から構築されており、Decoderは、2層の畳み込み層・アップサンプリングの処理で構築されています。

また、Decoderの最終層では、出力データのチャンネルを1にするために、1層の畳み込みレイヤー（リスト8.5 ❸）を追加しています。

ここでは、paddingをsameの設定にして、画像サイズが半分になるようにConvolution操作を行っていきます。図8.7のネットワーク図を見ると、対称的になっていることがわかると思います。最後に、get_weightsメソッドで重みの初期値を保持しておきます。本章では、共通のCAEモデルで、ガウシアンノイズデータとマスキングノイズデータの2種類による学習を行います。保持した重みの初期値は、それぞれの学習結果を比較する際に、モデルの初期化に利用します。

MNISTの中身は0から255の整数値の行列になっていますが、本章では0から1の範囲に正規化しています。また、損失関数にはbinary crossentropyを用いているため、activation関数にsigmoidを指定することで、モデルの出力が0から1の範囲になるようにします。

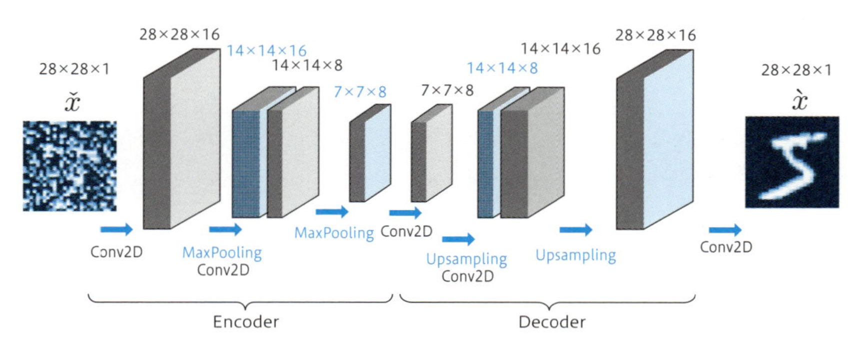

図8.7 ノイズ除去を行うCAEのネットワーク図

8.3.5 モデルのサマリを確認

構築したモデルを`summary`メソッドで確認すると、入出力が同じサイズになっていることがわかります。`max_pooling2d_1`、`max_pooling2d_2`の操作で画像サイズを半分にしており（リスト8.6 ❶）、`conv2d_2`ではチャンネルを削減して、圧縮された形になっていることがわかります（リスト8.6 ❷）。2層の畳み込み層・プーリング層がEncoderとして構成されています（リスト8.6 ❸）。

次に、今度は`conv2d_4`でチャンネル数を2倍にし（リスト8.6 ❹）、`up_sampling2d_1`、`up_sampling2d_2`で（リスト8.6 ❺）中間層の出力を2倍にして、入力画像と同じ大きさにしたあと、`conv2d_5`で1チャンネルにまとめていることがわかります。ここまでがDecoderとなります（リスト8.6 ❻）。

リスト8.6 モデルのサマリを確認

In

```
autoencoder.summary()
```

Out

```
_________________________________________________________________
Layer (type)                 Output Shape              Param #
=================================================================
conv2d_1 (Conv2D)            (None, 28, 28, 16)        160
_________________________________________________________________
max_pooling2d_1 (MaxPooling2 (None, 14, 14, 16)        0         ❶
_________________________________________________________________
conv2d_2 (Conv2D)            (None, 14, 14, 8)         1160      ❷
_________________________________________________________________
max_pooling2d_2 (MaxPooling2 (None, 7, 7, 8)           0         ❶
_________________________________________________________________
conv2d_3 (Conv2D)            (None, 7, 7, 8)           584
_________________________________________________________________
up_sampling2d_1 (UpSampling2 (None, 14, 14, 8)         0
_________________________________________________________________
conv2d_4 (Conv2D)            (None, 14, 14, 16)        1168
_________________________________________________________________
up_sampling2d_2 (UpSampling2 (None, 28, 28, 16)        0
_________________________________________________________________
conv2d_5 (Conv2D)            (None, 28, 28, 1)         145
=================================================================
Total params: 3,217
Trainable params: 3,217
Non-trainable params: 0
_________________________________________________________________
```

❸ conv2d_1〜max_pooling2d_2　❹ up_sampling2d_1〜conv2d_4　❺ up_sampling2d_1〜up_sampling2d_2　❻ conv2d_3〜conv2d_5

8.3.6 ガウシアンノイズデータを用いた学習と予測

それでは、ガウシアンノイズデータを入力画像に、オリジナル画像を正解画像として与えて、学習を行ってみましょう（リスト8.7）。

リスト8.7 ガウシアンノイズデータを用いて学習

In

```
autoencoder.fit(
                    x_train_gauss, # 入力：ガウシアンノイズデータ
                    x_train,       # 正解：オリジナル画像
                    epochs=10,     # 学習するエポック回数
```

```
                        batch_size=20, # バッチサイズ
                        shuffle=True    # シャッフルデータにする
                       )
```

Out

```
Epoch 1/10
60000/60000 [===============================]➡
60000/60000 [===============================] - ➡
75s 1ms/step - loss: 0.1791
(略)
Epoch 10/10
60000/60000 [===============================]➡
60000/60000 [===============================] - ➡
74s 1ms/step - loss: 0.1439

<tensorflow.python.keras._impl.keras.callbacks.➡
History at 0x1b7beb16940>
```

ガウシアンノイズデータでの学習を終えたので、次にテストデータに対して、予測を行います（リスト8.8、リスト8.9）。

リスト8.8 ガウシアンノイズデータで学習したモデルでの予測

```
gauss_preds = autoencoder.predict(x_test_gauss)
```

リスト8.9 ガウシアンノイズ画像、CAEモデル、オリジナル画像の予測の比較

In

```
for i in range(10):
    display_png(array_to_img(x_test[i]))
    display_png(array_to_img(x_test_gauss[i]))
    display_png(array_to_img(gauss_preds[i]))
    print('-'*25)
```

Out

```
#図8.8の左を参照
```

8.3.7 マスキングノイズデータを用いた学習と予測

次に、マスキングノイズデータを入力画像に、オリジナル画像を正解画像に設定して、学習を行ってみましょう（リスト8.10、リスト8.11）。

リスト8.10 CAEモデルの重みを初期化

In

```
autoencoder.set_weights(initial_weights)
```

リスト8.11 マスキングノイズデータを用いて学習

In

```
autoencoder.fit(
                x_train_masked, # 入力：マスキングノイズデータ
                x_train,        # 正解：オリジナル画像
                epochs=10,      # 学習するエポック回数
                batch_size=20,  # バッチサイズ
                shuffle=True    # シャッフルデータにする
               )
```

コンパイル直後に取得した重みinitial_weightsを再度set_weightsメソッドで、再初期化します（リスト8.10）。

マスキングノイズデータでの学習を終えたら、次にテストデータに対して、予測を行います（リスト8.12、リスト8.13）。

リスト8.12 マスキングノイズデータで学習したモデルでの予測

In

```
masked_preds = autoencoder.predict(x_test_masked)
```

リスト8.13 マスキングノイズ画像、CAEモデル、オリジナル画像の予測の比較

In

```
for i in range(10):
    display_png(array_to_img(x_test[i]))
    display_png(array_to_img(x_test_masked[i]))
    display_png(array_to_img(masked_preds[i]))
    print('-'*25)
```

Out

```
#図8.8の右を参照
```

8.3.8 2種類のノイズ画像の予測結果

それでは、2種類のノイズデータに対しての予測結果を見てみましょう（図8.8）。

本章で作成したモデルは、CAEの一番シンプルな形ですが、2種類のノイズデータに対して、見事に再構成ができていそうです。人間がノイズ画像だけ見ても、元の数字が何の数字だったか当てるのはなかなか難しいでしょう。しかし、再構成したあとなら、簡単に数字を認識することができそうです。ただし、再構成した画像がぼやけているように見えます。第10章では、アーキテクチャを工夫することで、ぼやけないように再構成を行っています。

また、次章以降で紹介するモデルの多くは、CAEをベースとしたものです。画像の復元だけでなく、様々なタスクに応用できることを感じていただけるかと思います。

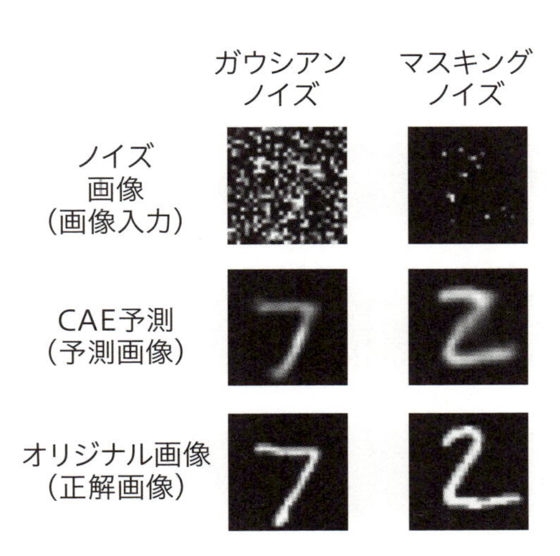

図8.8 それぞれのノイズ画像に対してのCAEによる予測画像と正解画像

8.4 まとめ

本章で解説した内容をまとめました。

8.4.1 CAEについて

本章ではAutoencoder、CAE、DAEといったアーキテクチャについて紹介を行い、擬似的に生成したノイズ画像の「ノイズ除去」を試すことで、実際にCAEの効果を検証してきました。

本章で取り上げたものは非常にシンプルなアーキテクチャのため、再構成した画像がぼやける、といった問題がありましたが、第10章でこの問題を解決する工夫の1つを紹介しています。

CAEは、DCGANと呼ばれる生成モデルの一部に使用されていたり、CAEを拡張したアーキテクチャがセマンティックセグメンテーションのタスクで使用されていたりと、非常に幅広い分野において用いられています。

次章では、CAEを工夫することで、グレースケール画像に色を付ける「自動着色」について、紹介をしていきます。

CHAPTER 9

自動着色

本章では、モノクロ写真に自動で色を付けて、カラー写真に変換を行うモデルを構築してみましょう。

9.1 自動着色について

近年、イラストの着色の自動化で盛り上がりを見せている、自動着色の概要について紹介をします。

深層学習による自動着色は、近年、盛り上がりを見せている分野です。中でも、特にイラストの自動着色がイラストレーターやデザイナーの業界で大きなブレイクスルーとなっています。イラストの着色をする際、自動着色機能を使用することで、着色の時間短縮を行い、作業の効率化を行う、というわけです。すでに、様々なアプリで導入されており、pixiv Sketchで採用されている、Preferred NetworksのPaints Chainer（図9.1）、アイビスモバイルのアイビスペイントなどがあります。また、開発中ではありますが、AdobeもProject Scribblerという自動着色のプロジェクトを進めており、将来はPhotoshopやIllustratorなどのAdobe製品に組み込まれることが期待されています。

本章では、イラストより難しいとされている写真を対象に、自動着色に取り組んでみましょう。

なお、本書はフルカラー印刷ではないため、着色を確認することはできませんが、図9.1のイラスト自動着色は記載のURLのデモにて、確認することができます。

図9.1 PaintsChainerによるイラスト自動着色の例

出典 PaintsChainer（PaintsChainerは、Chainerの使用例 です）
URL https://paintschainer.preferred.tech/index_ja.html
（色を付けたい箇所に青色の線を引くと、青色ベースの自動着色を行う）
GitHub http://richzhang.github.io/colorization/

9.2 自動着色を行うための工夫

自動着色を行うためには、単純な方法ではなく、独自の前処理・後処理が必要になってきます。ここでは自動着色を行うための工夫を紹介します。

9.2.1 構築するネットワークの全体図

構築するネットワークの全体図と処理の流れは 図9.2 のようになります。

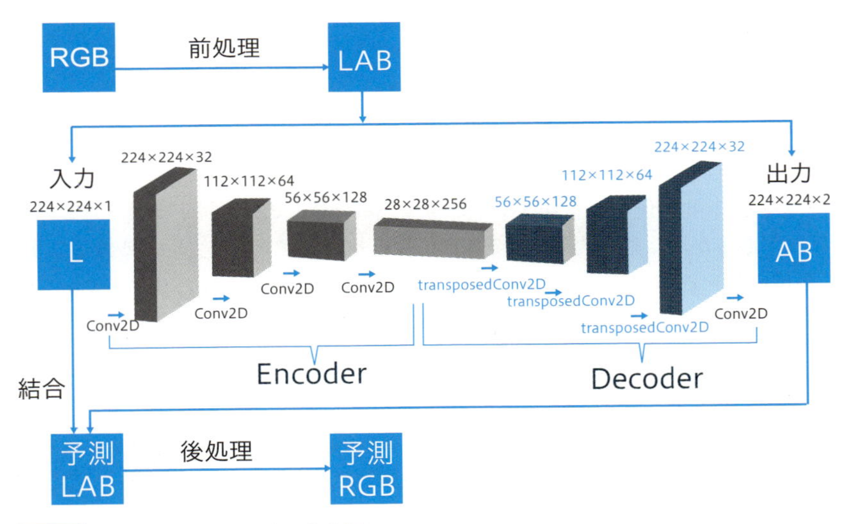

図9.2 構築するネットワークの全体図

本章までに学んできたモデルでは、「RGB」形式の画像を扱っていました。しかし、本章で構築するモデルは、前処理として一般的に用いる画像の表現方法「RGB」から、別の表現方法「LAB」に変換し、「L」の値を入力して、「AB」の値を出力するようなモデルを構築します。なぜそのような変換が必要なのか、詳細については次節で追っていきましょう。

本章で構築するモデルは、前章で構築したモデルと同様に、シンプルな構造になっています。ただし、いくつか細かな変更を加えているので、ここで整理しておきましょう。まず、マックスプーリング層の代りに、ストライドを2に設定した畳み込み処理を追加しています。前章のEncoder箇所では畳み込み後、マックスプーリングを行っていましたが、ストライドが2の畳み込み層では、縮小に相当する処理と畳み込み処理を1層で行っています。

また、今回はアップサンプリングを行う代わりに、転置畳み込み層を追加しています。転置畳み込み層（transposedConv2D）とは、前章で紹介したアップサンプリングとは別のアプローチで入力テンソルの拡大を行う手法です。前章のDecoderではアップサンプリング後、畳み込みを行っていましたが、転置畳み込み層では拡大に相当する処理と畳み込み処理を1層で行っています。

9.2.2 前処理・後処理の工夫（RGBをLABに変換）

なぜ、本章では「RGB」ではなくて、「LAB」という画像形式を扱うのでしょうか？ 先に結論から言うと、「RGB」よりも「LAB」のほうが自動着色のタスクに適しているからです。

そもそも、「RGB」や「LAB」とは何でしょうか？

画像は、一般的にR：Red、G：Green、B：Blueの3色を混ぜて、色の表現を行う画像形式「RGB」で表現されることが多いです。Web関係の仕事をされている方だと、rgb(255, 0, 0)や、#ff0000のように、色を表現する書き方を見たことがあるかもしれませんが、赤・緑・青の組み合せで色を表現する方法です。「画像の幅×画像の高さ×チャンネル数（RGBそれぞれを合わせて3チャンネル）」で、画像を表現することができます。

「LAB」は「RGB」とは別の色表現の方法です。人間の視覚に近い形で設計されており、「L」が明るさを表し、「A」と「B」が色を表しています。モノクロの写真では明るさを記録しているので、明るさの情報から色を再現できると自動着色ができたことになります。そのため、自動着色を行うアーキテクチャでは、明るさを表す「L」（グレースケール）を入力にして、色を表す「AB」を出力するモデルを構築し、入力データ「L」と予測データ「AB」を結合して画像を出力する、といった構造を用いることが多いです。本書でも画像形式「LAB」を用いたアーキテクチャで自動着色を行います。

9.3 自動着色を行う

それでは前処理、モデルの構築、学習・予測、後処理と一連の流れを実行していき、自動着色を行ってみましょう。

9.3.1 自動着色の処理の流れ

自動着色を行う全体の処理の流れは以下のようになっています。

1. データの読み込み
2. 前処理：「RGB」を「LAB」に変換
3. モデルの構築
4. モデルの学習・予測
5. 後処理：予測結果「AB」を入力して「L」と結合し、「RGB」に変換

9.3.2 データの読み込み

まずは、データの読み込みを行います。「img/colorize」フォルダにサンプルの画像データが入っていることが前提となります。リスト9.1のコードでデータを読み込みます。

リスト9.1 データの読み込み

In

```
data_path = 'img/colorize'
data_lists = glob.glob(os.path.join(data_path, '*.jpg'))

val_n_sample = math.floor(len(data_lists)*0.1)
test_n_sample = math.floor(len(data_lists)*0.1)
train_n_sample = len(data_lists) - val_n_sample - ➡
test_n_sample

val_lists = data_lists[:val_n_sample]
```

```
test_lists = data_lists[val_n_sample:val_n_sample + ➡
test_n_sample]
train_lists = data_lists[val_n_sample + test_n_sample:➡
train_n_sample + val_n_sample + test_n_sample]
```

学習・検証・評価に使用するすべての画像のファイルパスをdata_listsに読み込みます。ここでは、学習・検証・評価用に8:1:1の割合で分割を行います。

9.3.3　前処理：「RGB」を「LAB」に変換

前処理としてまずリスト9.2のように「RGB」を「LAB」に変換します。

本章では、OpenCV2を使用します（リスト9.2 ❶）。Pythonでは、cv2をimportすることで、OpenCV2を扱うことができます。

まず、事前にダウンロードしたRGB形式の学習データをLAB形式に変換を行います。cv2のライブラリにある、cv2.cvtColorメソッドを用いて、RGB形式の画像データをLAB形式に変換するrgb2labメソッド（リスト9.2 ❷）、LAB形式の画像データをRGB形式に変換するlab2rgbメソッドを定義します（リスト9.2 ❸）。

リスト9.2　前処理：「RGB」を「LAB」に変換

In

```
import cv2  ❶


img_size = 224
def rgb2lab(rgb):  ❷
    assert rgb.dtype == 'uint8'
    return cv2.cvtColor(rgb, cv2.COLOR_RGB2Lab)

def lab2rgb(lab):  ❸
    assert lab.dtype == 'uint8'
    return cv2.cvtColor(lab, cv2.COLOR_Lab2RGB)

def get_lab_from_data_list(data_list):
    x_lab = []
    for f in data_list:
```

```
        rgb = img_to_array(
            load_img(
                f,
                target_size=(img_size, img_size)
            )
        ).astype(np.uint8)
        lab = rgb2lab(rgb)
        x_lab.append(lab)
    return np.stack(x_lab)
```

ATTENTION

「LAB」への変換について

cv2を用いて、「RGB」から「LAB」に変換を行うと、本来負の値を持つはずの「AB」が、正の値しか持ちません。これは、`cv2.cvtColor`内で、0-255の範囲に収まるようにリスケールを自動で行っているためです。具体的には、「LAB」に変換を行ったあと、以下の演算を行っています。

```
L = L*255/100.
a = a + 128
b = b + 128
```

9.3.4 モデルの構築

次にモデルの構築を行います（リスト9.3）。前章で構築したCAEのモデルと似たような構成になっています。

ただし、9.2.1にも記述したように、マックスプーリングの代わりに、畳み込み時のストライドを2に設定し、アップサンプリングの代わりに、転置畳み込み層を使用しています。

リスト9.3 モデルの構築

In

```
from tensorflow.python.keras.layers import ➡
Conv2DTranspose
```

```
autoencoder = Sequential()
# Encoder
autoencoder.add(
    Conv2D(
        32,
        (3, 3),
        (1, 1),
        activation='relu',
        padding='same',
        input_shape=(224, 224, 1)
    )
)
autoencoder.add(
    Conv2D(
        64,
        (3, 3),
        (2, 2),
        activation='relu',
        padding='same'
    )
)
autoencoder.add(
    Conv2D(
        128,
        (3, 3),
        (2, 2),
        activation='relu',
        padding='same'
    )
)
autoencoder.add(
    Conv2D(
        256,
        (3, 3),
        (2, 2),
        activation='relu',
        padding='same')
)
```

```
# Decoder
autoencoder.add(
    Conv2DTranspose(
        128,
        (3, 3),
        (2, 2),
        activation='relu',
        padding='same'
    )
)
autoencoder.add(
    Conv2DTranspose(
        64,
        (3, 3),
        (2, 2),
        activation='relu',
        padding='same'
    )
)
autoencoder.add(
    Conv2DTranspose(
        32,
        (3, 3),
        (2, 2),
        activation='relu',
        padding='same'
    )
)
autoencoder.add(
    Conv2D(
        2,
        (1, 1),
        (1, 1),
        activation='relu',
        padding='same'
    )
)
autoencoder.compile(optimizer='adam', loss='mse')
autoencoder.summary()
```

リスト9.4 モデルのサマリの確認

In

```
autoencoder.summary()
```

Out

```
_________________________________________________________________
Layer (type)                 Output Shape              Param #
=================================================================
conv2d_6 (Conv2D)            (None, 224, 224, 32)      320
_________________________________________________________________
conv2d_7 (Conv2D)            (None, 112, 112, 64)      18496
_________________________________________________________________
conv2d_8 (Conv2D)            (None, 56, 56, 128)       73856
_________________________________________________________________
conv2d_9 (Conv2D)            (None, 28, 28, 256)       295168
_________________________________________________________________
conv2d_transpose_4 (Conv2DTr (None, 56, 56, 128)       295040
_________________________________________________________________
conv2d_transpose_5 (Conv2DTr (None, 112, 112, 64)      73792
_________________________________________________________________
conv2d_transpose_6 (Conv2DTr (None, 224, 224, 32)      18464
_________________________________________________________________
conv2d_10 (Conv2D)           (None, 224, 224, 2)       66
=================================================================
Total params: 775,202
Trainable params: 775,202
Non-trainable params: 0
_________________________________________________________________
```

リスト9.4の結果を見てわかるとおり、第8章のCAEと大きく違う点としては、次の2点です。

1. 出力のチャンネル数（2チャンネル）
2. チャンネル数の増減

1点目は、今回のアーキテクチャの特性上、変化している点で、「AB」を出力するため、出力のチャンネル数は2チャンネルにする必要があります。第8章で構築したCAEのEncoderでは、チャンネル数を半分にしていました。なぜなら、本来のCAEは次元削減を目的としており、入力画像の特徴を捉えたような中間層を得ることが目的だったからです。

一方、本章の目的は自動着色のため、中間層のサイズが小さすぎると、モデル全体の表現力が下がってしまいます。そのため、Semantic Segmentationのタスクで用いられるU-Net、Residual-Netなどの有名なアーキテクチャのように、Encoderでチャンネル層を倍に増やし、モデル全体の表現力を上げていくことが一般的です。

MEMO

U-Net

生物医学の分野で登場したCAEの一種で、2012年のISBI Challengeと呼ばれる、顕微鏡の画像から細胞膜の領域同定を行うコンペティションで初めて登場し、2015年のISBI Challengeでは圧倒的な差をつけて優勝をしたモデル。
同じ解像度の中間層をエンコード・デコード時に結合する、などの工夫が行われているモデルになっている。高解像度になりやすく、層も深くないため、他のタスクでも使用されることが多い。

参考 U-Net：Convolutional Networks for Biomedical Image Segmentation
URL https://lmb.informatik.uni-freiburg.de/people/ronneber/u-net/

MEMO

Residual-Net

「Deep Residual Learning for Image Recognition」という論文で初めて登場したモデル。
上記の論文とは実装が若干違うが、後述する11.3節のResidueal Blockというブロックを多段に重ねて構成されている。Residual Blockにより、層をかなり深くしても学習を行うことができるようになった。

参考 「Deep Residual Learning for Image Recognition」
URL https://arxiv.org/pdf/1512.03385.pdf

9.3.5　モデルの学習・予測

はじめに、学習・検証・評価それぞれに用いるための、ジェネレータを準備します。ファイルパスのリストを引数にとり、一度呼び出すと、バッチサイズ分の

「L」、「AB」をそれぞれ生み出し、返すようなジェネレータ関数を定義します。（リスト9.5）。

リスト9.5 ジェネレータ関数の定義

In

```
def generator_with_preprocessing(data_list, batch_size, ➡
shuffle=False):
    while True:
        if shuffle:
            np.random.shuffle(data_list)
        for i in range(0, len(data_list), batch_size):
            batch_list = data_list[i:i + batch_size]
            batch_lab = get_lab_from_data_list(batch_➡
list)
            batch_l = batch_lab[:, :, :, 0:1]
            batch_ab = batch_lab[:, :, :, 1:]
            yield (batch_l, batch_ab)
```

このメソッドを用いて、学習用・検証用・評価用のジェネレータを生成してみましょう。

学習の際は、シャッフルを行うために、引数shuffleをTrueに変更して、ジェネレータを作成しています（リスト9.6）。また、それぞれのジェネレータごとに、ミニバッチ単位のサンプルサイズを求めています。

リスト9.6 学習・検証・評価用ジェネレータの呼び出し

In

```
batch_size = 30

train_gen = generator_with_preprocessing(train_lists, ➡
batch_size, shuffle=True)
val_gen = generator_with_preprocessing(val_lists, ➡
batch_size)
test_gen = generator_with_preprocessing(test_lists, ➡
batch_size)

train_steps = math.ceil(len(train_lists)/batch_size)
val_steps = math.ceil(len(val_lists)/batch_size)
test_steps = math.ceil(len(test_lists)/batch_size)
```

それでは、fit_generatorメソッドで、モデルの学習を行ってみましょう（リスト9.7）。学習データの数が多いため、今までの章より学習に時間がかかるかもしれません。

リスト9.7 モデルの学習

In

```
epochs= 100

autoencoder.fit_generator(
    generator=train_gen,
    steps_per_epoch=train_steps,
    epochs=epochs,
    validation_data=val_gen,
    validation_steps=val_steps
)
```

predict_generatorメソッドを用いて、学習したモデルによる予測を行います（リスト9.8）。また、本章で扱うモデルでは、入力の「L」と予測結果の「AB」を結合する必要があるため、再度テスト用のジェネレータを呼び出し、取得しています。

リスト9.8 モデルの予測

In

```
preds = autoencoder.predict_generator(test_gen, ➡
steps=test_steps, verbose=0)

x_test = []
y_test = []
for i, (l, ab) in enumerate(generator_with_➡
preprocessing(test_lists, batch_size)):
    x_test.append(l)
    y_test.append(ab)
    if i == (test_steps - 1):
        break

x_test = np.vstack(x_test)
y_test = np.vstack(y_test)
```

9.3.6 後処理：予測結果「AB」を入力して「L」と結合し、「RGB」に変換

numpyのconcatenateメソッドで、入力「L」と、予測「AB」を結合します。モデルの予測結果を確認するために、結合して作成した「LAB」を「RGB」に変換する後処理が必要になります（リスト9.9）。

リスト9.9 後処理：予測結果「AB」を入力して「L」と結合し、「RGB」に変換

In

```
test_preds_lab = np.concatenate((x_test, preds), 3).➡
astype(np.uint8)

test_preds_rgb = []
for i in range(test_preds_lab.shape[0]):
    preds_rgb = lab2rgb(test_preds_lab[i, :, :, :])
    test_preds_rgb.append(preds_rgb)
test_preds_rgb = np.stack(test_preds_rgb)
```

それでは、モデルの予測結果を確認してみましょう（リスト9.10）。

リスト9.10 出力結果の確認

In

```
from IPython.display import display_png
from PIL import Image, ImageOps


for i in range(test_preds_rgb.shape[0]):
    gray_image = ImageOps.grayscale(array_to_img(➡
test_preds_rgb[i]))                                    ❶
    display_png(gray_image)
    display_png(array_to_img(test_preds_rgb[i]))
    print('-'*25)
    if i == 20:
        break
```

Out※1

オリジナル画像をグレースケールに変換します（リスト9.10 1）。その後、グレー画像と予測結果を比較して表示します。

残念ながら、本書では二色刷りのため、着色が確認できませんが、本章の結果は、本書の翔泳社のダウンロードサイト（P.v）で確認することができます。

きれいに着色できている写真もある一方で、うまくいっていない写真もありそうです。本章はシンプルなモデルで取り組みましたが、もう少し工夫を加えることで、よりリアルな画像を生成することができるとされています。例えば、簡易的な工夫の1つに、モデルの出力の離散化（分割）が挙げられます。本章では損失関数を「AB」空間上でのMSEに設定して、モデルを構築しました。しかし、「Colorful Image Colorization」という論文では、「AB」空間を離散化して、分類問題として解くことで色がぼけずに、よりリアルな着色を行うことができる、と報告されています。

● **参考：Colorful Image Colorization**

URL http://richzhang.github.io/colorization/

また、別のアプローチとして、第12章で紹介するGANと組み合わせる、といったことが考えられます。具体的には、自動着色か、本物か判別するモデルを加えることで、より本物に近い自動着色を目指すようにする、といったアイデアになっています。

● **参考：Paints Chainer**

URL https://paintschainer.preferred.tech/index_ja.html

※1 ここでは様々な例を列挙してまとめています。

9.4 まとめ

本章で解説した内容をまとめました。

9.4.1 自動着色について

本章では、「RGB」ではなく、「LAB」形式でCAEに入力するなどの工夫によって、自動着色を実現しました。

CAEの基本的な形でも、少し前処理と後処理を工夫するだけで、ノイズ除去以外のタスクでも適用できることがわかったかと思います。

このあとの章においても、CAEをベースとしたモデルを構築していきます。

次章では、CAEのアーキテクチャを工夫することで、低解像度の画像を高解像度にする、超解像に取り組んでいきます。

CHAPTER 10

超解像

前章では、CAE（Convolutional Autoencoder）の応用として、自動着色について解説しました。

CAEは非常に有用なネットワーク構造で、自動着色以外にも、様々なタスクに活用できます。本章では、CAEのもう1つの応用例として、**超解像**に取り組みます。

10.1 CNNによる超解像

深層学習は、画像や動画の解像度を上げる超解像技術にも応用されています。本節では、まず超解像の概要を紹介し、深層学習を使ったシンプルなモデルについて解説します。

10.1.1 超解像とは

超解像（Super Resolution）とは、解像度の低い画像や動画を受け取り、解像度の高い画像や動画を生成する技術のことです（図10.1）。最近のテレビの中には超解像をうたう製品もあり、一般の方にも認知されるようになってきました。

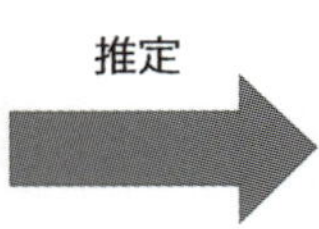

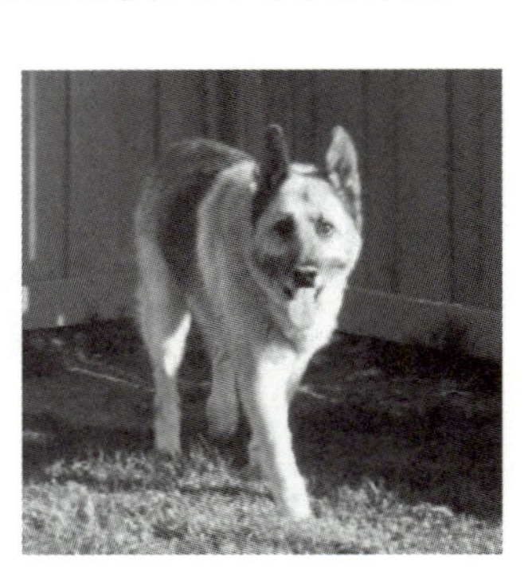

図10.1 理想的な超解像の例

出典 「Open Images Dataset V3」
URL https://github.com/openimages/dataset

超解像技術には、いくつかの種類がありますが、ここでは「単一画像超解像」という1枚の低解像度画像から1枚の高解像度画像を生成するタスクを取り扱います。そのクオリティの高さから、2015年頃に話題になった「waifu2x」も、このタスクを対象としています。

10.1.2 SRCNN（Super-Resolution Convolutional Neural Network）

超解像技術自体は2000年代頃には研究されていましたが、深層学習を利用した超解像の取り組みは、2014年からはじまります。

図10.2は、SRCNN（Super-Resolution Convolutional Neural Network）と呼ばれるネットワークです。非常にシンプルなネットワークですが、従来の手法を凌駕するような精度が得られたと、論文で報告されています。

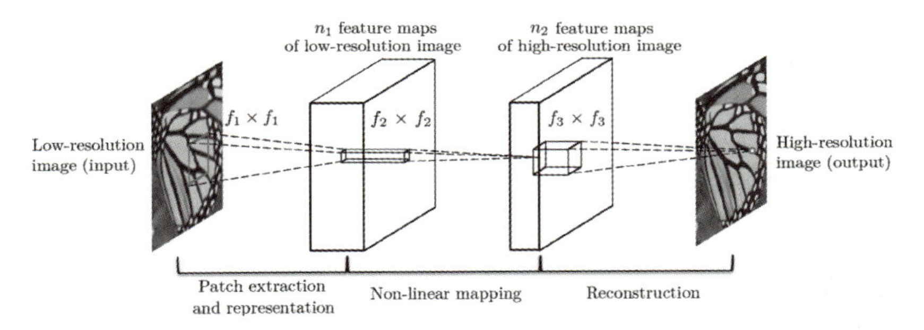

図10.2 SRCNNのネットワーク構造

出典 「Image Super-Resolution Using Deep Convolutional Network」（Chao Dong, Chen Change Loy, Kaiming He, Member, Xiaoou Tang, 2015）、Fig. 2より引用
URL https://arxiv.org/pdf/1501.00092.pdf

SRCNNは出力層も含めて畳み込み層を3層重ねただけの、非常にシンプルな構造です。図10.2の論文では、より深いネットワークにも挑戦していますが、超解像については、必ずしも層を増やせばよいというわけではない、という結論に至っています。また、とてもシンプルなため高速な処理が可能で、動画のオンライン処理などにも向いているアルゴリズムです。

それでは、実際にSRCNNを実装しながら詳細を見ていきましょう。

10.1.3 データの前処理

SRCNNの入力は低解像度の画像で、出力は高解像度の画像です。そのため、学習には、低解像度の画像と高解像度の画像のペアが必要となります。低解像度の画像は高解像度の画像から人工的に作り出すことができます。いわゆるモザイク処理です。リスト10.1では、画像を一旦小さな画像にリサイズして、もう一度サイズを元に戻すことで、擬似的に低解像度のデータを生成しています。

リスト10.1 低解像度の画像の生成

In

```
def drop_resolution(x, scale=3.0):
    size = (x.shape[0], x.shape[1])
    small_size = (int(size[0]/scale), int(size[1]/scale))
    img = array_to_img(x)
    small_img = img.resize(small_size, 3)
    return img_to_array(small_img.resize(img.size, 3))
```

10.1.4 入力データの生成

次に、Kerasのモデルに渡すジェネレータを定義します。ジェネレータが呼び出されるたびに画像ファイルを読み込み、低解像度画像を生成しています（リスト10.2）。

リスト10.2 ジェネレータの定義

In

```
def data_generator(data_dir, mode, scale=2.0, target_➡
size=(200, 200), batch_size=32, shuffle=True):
    for imgs in ImageDataGenerator().flow_from_directory(
        directory=data_dir,
        classes=[mode],
        class_mode=None,
        color_mode='rgb',
        target_size=target_size,
        batch_size=batch_size,
        shuffle=shuffle
    ):
        x = np.array([
            drop_resolution(img, scale) for img in imgs
        ])
        yield x/255., imgs/255.
```

data_generatorは以下のように使うことができます（リスト10.3）。ここでは、学習データが「data/chap10/train」フォルダ以下に1000枚、テストデータが「data/chap10/test」フォルダ以下に100枚あることを想定しています。

リスト10.3 data_generatorの利用

In

```
DATA_DIR = 'data/chap10/'
N_TRAIN_DATA = 1000
N_TEST_DATA = 100
BATCH_SIZE = 32

train_data_generator = data_generator(DATA_DIR, ➡
'train', batch_size=BATCH_SIZE)
test_x, test_y = next(
    data_generator(
        DATA_DIR,
        'test',
        batch_size=N_TEST_DATA,
        shuffle=False
    )
)
```

このジェネレータで返される入力xと出力yは図10.3、図10.4のようになっています。本章で構築するモデルは、解像度の低いぼやけた画像xを入力として受け取り、解像度の高いシャープな画像yの生成を目指します。

図10.3 低解像度の画像x

図10.4 高解像度の画像y

10.1.5 モデルの構築

次にネットワークを構築します。前述の通り、畳み込み層を3つ重ねただけのシンプルなネットワークなので、実装も至ってシンプルです（リスト10.4）。ここでポイントとなるのは、カーネルのサイズです。入力画像が低解像度の画像であり、プーリング層も挟んでいないため、周辺の情報を利用するには、ある程度大きなカーネルを利用する必要があります。ここでは、図10.2で紹介した論文を参考に、1層目が9、2層目が1、3層目が5、という組み合わせを用いています。また、隠れ層については活性化関数はReLUを用いています。

リスト10.4 SRCNNの定義

In

```
model = Sequential()
model.add(Conv2D(
    filters=64,
    kernel_size=9,
    padding='same',
    activation='relu',
    input_shape=(None, None, 3)
))
model.add(Conv2D(
    filters=32,
    kernel_size=1,
    padding='same',
    activation='relu'
))
model.add(Conv2D(
    filters=3,
    kernel_size=5,
    padding='same'
))

model.summary()
```

Out

```
_________________________________________________________________
Layer (type)                 Output Shape              Param #
=================================================================
conv2d_1 (Conv2D)            (None, None, None, 64)    15616
_________________________________________________________________
conv2d_2 (Conv2D)            (None, None, None, 32)    2080
_________________________________________________________________
conv2d_3 (Conv2D)            (None, None, None, 3)     2403
=================================================================
Total params: 20,099
Trainable params: 20,099
Non-trainable params: 0
_________________________________________________________________
```

10.1.6　学習・検証

それでは、学習に進みましょう。超解像では、評価指標としてピーク信号対雑音比（PSNR：Peak signal-to-noise ratio）と呼ばれるものを使うのが一般的です MEMO参照 。

MEMO

ピーク信号対雑音比

ピーク信号対雑音比（PSNR）は主に画像の非可逆圧縮などで用いられる、画質やデータの劣化具合を示す指標。PSNRが大きいほど、劣化は少ない。単位はdB。

PSNRの定義は次式の通りです。

$$\mathrm{PSNR} = 10\log_{10}\frac{\mathrm{MAX}^2}{\mathrm{MSE}}$$

前述の数式の、MAXは正解画像（ターゲット）が取りうる最大値で今回の場合は1.0です。MSEは出力と正解画像の平均二乗誤差です。MSEが分母に入っているので、出力が正解に近ければ近いほどMSEが小さくなり、PSNRは大きな値となります。

PSNRの値は無限大となりうるため、「これ以上であればよい」という具体的な値を示すことはできませんが、画像圧縮や超解像タスクにおいては、だいたい20dB〜50dBの間に収まるようです。

リスト10.5はKerasを使ったPSNRの実装です。MAX = 1.0であることを使って、PSNRの定義式を以下のように変形しています。

$$
\begin{aligned}
\mathrm{PNSR} &= 10\log_{10}\frac{\mathrm{MAX}^2}{\mathrm{MSE}} \\
&= -10\log_{10}\mathrm{MSE} \\
&= -10\frac{\log\mathrm{MSE}}{\log 10}
\end{aligned}
$$

リスト10.5 ピーク信号対雑音比の定義

In

```
def psnr(y_true, y_pred):
    return -10*K.log(
        K.mean(K.flatten((y_true - y_pred))**2)
    )/np.log(10)
```

あとはリスト10.5で定義したpsnrをmetricsに指定してモデルをコンパイルし、学習を実行します（リスト10.6）。これまで同様、lossにはmse、optimizerにはadamを指定します。

リスト10.6 PSNRをmetricsに指定して学習を実行

In

```
model.compile(
    loss='mean_squared_error',
    optimizer='adam',
    metrics=[psnr]
)

model.fit_generator(
    train_data_generator,
    validation_data=(test_x, test_y),
    steps_per_epoch=N_TRAIN_DATA//BATCH_SIZE,
    epochs=50
)
```

```
# テストデータに対して適用
pred = model.predict(test_x)
```

Out

```
Epoch 1/50
Found 1000 images belonging to 1 classes.
31/31 [==============================]➡
31/31 [==============================] - ➡
9s 285ms/step - loss: 0.0294 - psnr: 16.4501 - ➡
val_loss: 0.0133 - val_psnr: 18.7506

(略)

Epoch 50/50
31/31 [==============================]➡
31/31 [==============================] - ➡
7s 213ms/step - loss: 0.0037 - psnr: 24.4472 ➡
- val_loss: 0.0039 - val_psnr: 24.1388
```

今回のデータセットでは、おおよそ24dBであることがわかります。このモデルをテストデータに適用した結果は図10.5～図10.7の通りです。

左から順に正解データ、入力データ、予測結果です。ぼやけてしまっていた輪郭がくっきりとして、正解データに近づいていることが見てとれます。

図10.5 正解データ

図10.6 入力データ

図10.7 予測結果

10.2 CAEによる超解像

前節では、非常にシンプルなネットワークでも超解像を実現できることを確かめました。また、単に層を追加していけば精度が向上するわけではないことにも軽く触れました。本節では、スキップコネクションと呼ばれる構造を導入し、より多層で表現力の高いネットワークを超解像に適用します。

10.2.1　CAEとスキップコネクション

前節で、非常にシンプルなネットワークでも超解像を実現できることを確認しました。そこで紹介したSRCNNは深層学習による超解像の先駆け的な手法であり、非常に注目を浴びました。しかし、超解像に関する研究はSRCNN以降も活発に進められており、SRCNNを上回るような研究成果もいくつか発表されています。

本節では、CAEを超解像に応用してみます。第8章で説明した通り、CAEでは一旦情報を圧縮しているため、どうしても出力がぼやけてしまいます。そのため、そのままでは超解像に利用できません。論文「Image Restoration Using Convolutional Auto-encoders with Symmetric SkipConnections」では、中間層をスキップするような接続を導入することで、圧縮する前の情報を直接Decoderの中間層の入力に加えられるような工夫をしています。こういった構造をスキップコネクションと呼びます（図10.8）。

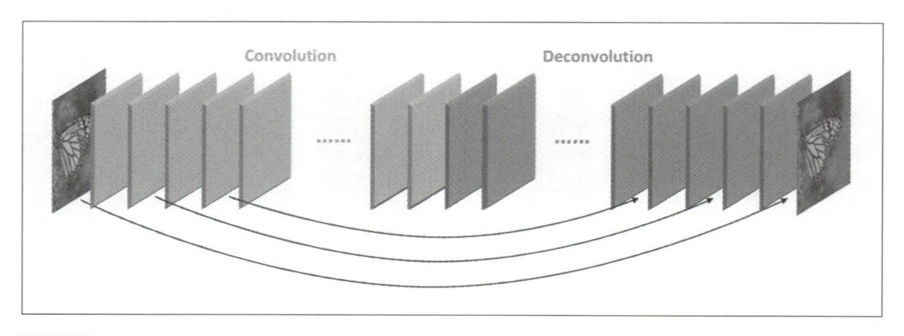

図10.8 スキップコネクションの例

出典 「Image Restoration Using Convolutional Auto-encoders with Symmetric SkipConnections」(Xiao-Jiao Mao, Chunhua Shen, Yu-Bin Yang, 2016)、Fig. 1より引用

URL https://arxiv.org/pdf/1606.08921.pdf

10.2.2 Kerasによる実装

それでは、スキップコネクションを持つCAEを実装して、SRCNNの結果と比較してみましょう。

Sequential APIではスキップコネクションを表現できないため、リスト10.7ではFunctional APIを利用していますが、Encoder（リスト10.7❶）とDecoder（リスト10.7❷）に分かれており、基本的な構造はこれまで見てきたCAEと変わらないことがわかるかと思います。

リスト10.7 モデルの構築

In

```
from tensorflow.python.keras.layers import Add


# 入力は任意のサイズで、3チャンネルの画像
inputs = Input((None, None, 3), dtype='float')

# Encoder
conv1 = Conv2D(64, 3, padding='same')(inputs)
conv1 = Conv2D(64, 3, padding='same')(conv1)

conv2 = Conv2D(64, 3, strides=2, padding='same')(conv1)
conv2 = Conv2D(64, 3, padding='same')(conv2)

conv3 = Conv2D(64, 3, strides=2, padding='same')(conv2)
conv3 = Conv2D(64, 3, padding='same')(conv3)

# Decoder
deconv3 = Conv2DTranspose(64, 3, padding='same')(conv3)
deconv3 = Conv2DTranspose(64, 3, strides=2, ➡
padding='same')(deconv3)

# Add()レイヤーを使ってスキップコネクションを表現
merge2 = Add()([deconv3, conv2])
deconv2 = Conv2DTranspose(64, 3, padding='same')(merge2)
deconv2 = Conv2DTranspose(64, 3, strides=2, ➡
padding='same')(deconv2)
```

（❶: Encoder部分、❷: Decoder部分）

```
merge1 = Add()([deconv2, conv1])
deconv1 = Conv2DTranspose(64, 3, padding='same')(merge1)
deconv1 = Conv2DTranspose(3, 3, padding='same')(deconv1)

output = Add()([deconv1, inputs])

model = Model(inputs, output)
```

構築されたモデルを図示すると図10.9のようになります。Addレイヤーを使って、Encoder部分からDecoder部分へスキップコネクションが表現されていることがわかると思います。Addレイヤーは、大きさの同じテンソルの和をとって出力するだけのレイヤーオブジェクトです。図10.9において、Addレイヤーを無視すれば、EncoderとDecoderがちょうど対称な形となっていることがわかります。また、Inputレイヤーがスキップコネクションを通じて出力層に直接接続されている点にも注意してください。これにより、CAE（図10.9のInputレイヤーと出力層のAddレイヤーを除いた部分）は入力画像と正解画像との「差分」だけを推定すればよいことになるため、学習が安定しやすくなります。

データの準備、コンパイル、学習の手順はSRCNNと全く同じです。このモデルをテストデータに適用した結果は図10.10～図10.12になります。見た目上はSRCNNのときとあまり差が感じられないかもしれませんが、PSNRは24.4dB程度となっており、SRCNNのときと比べて0.3ポイントほど向上しています。

図10.10 正解データ

図10.11 入力データ

図10.12 予測結果

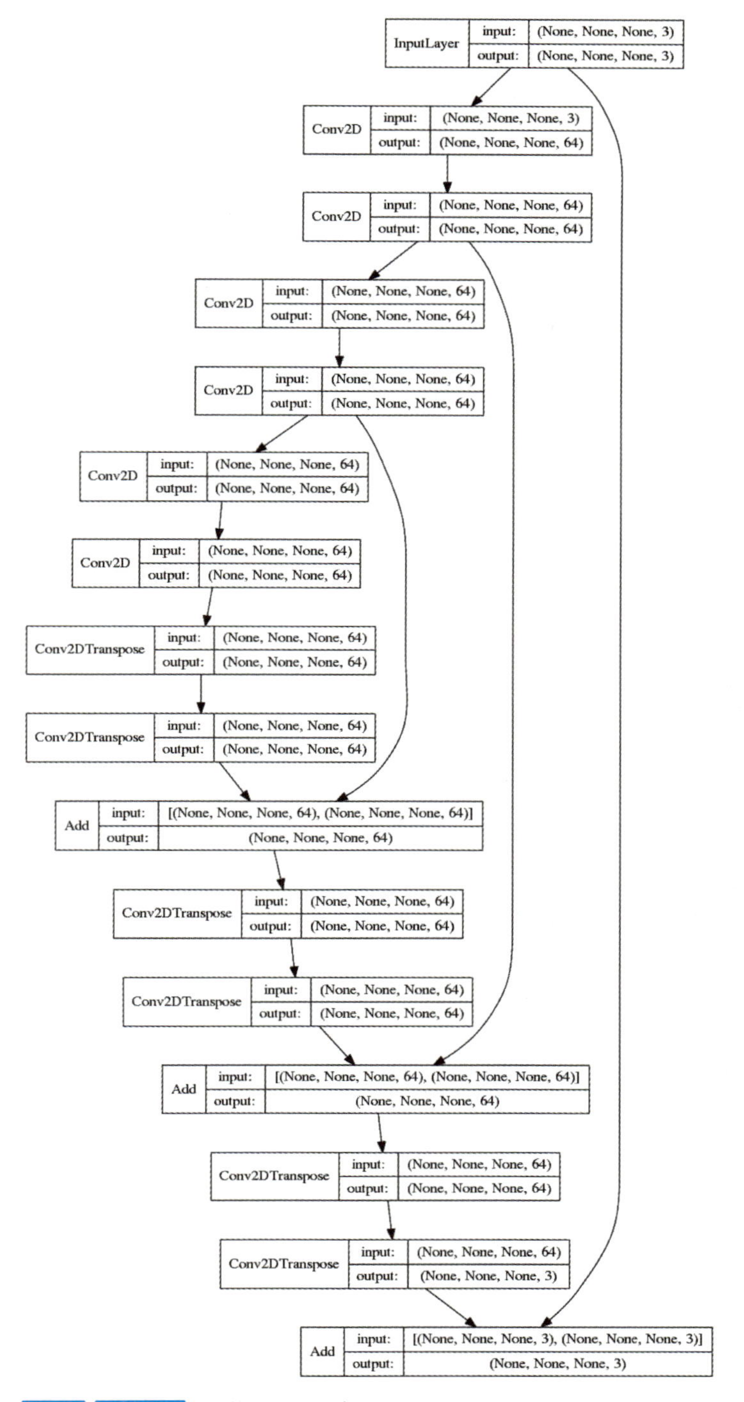

図10.9 リスト10.7で構築されるモデル

10.3 まとめ

本章で解説した内容をまとめました。

10.3.1 CAEと超解像

本章では、CAEの応用例として超解像に取り組みました。はじめに深層学習による超解像の先駆け的なモデルであるSRCNNについて解説したあとで、CAEを用いた手法を紹介し、SRCNNよりよい結果が得られることを確認しました。

超解像は、情報の落ちてしまった画像から元の画像を再構成するという意味で、第8章で取り扱ったノイズ除去と非常に似たタスクです。しかし、第8章で取り扱った単純なCAEでは、どうしても出力がぼやけてしまうため、そのままでは超解像に利用できません。そこで登場するのがスキップコネクションです。スキップコネクションの導入により、層の多い深いネットワークにしても、入力から出力まで必要な情報を伝えることができるようになるため、出力がぼやけてしまう問題を解決できました。

本章では、CAEに修正を加えることで、超解像という新たなタスクに応用できることを見ましたが、損失関数を工夫すると、さらに面白いことができます。次章では、その一例として画風変換を取り上げます。

CHAPTER 11

画風変換

本章では画風変換の実装方法を解説します。画風変換はこれまで実装してきたCAE構造のネットワークから損失関数を工夫することで実現できます。

11.1 画風変換へのアプローチ

まず画風変換における損失関数の工夫やそのアプローチについて概説します。

11.1.1 画風変換とは

画風変換（Style Transfer）とは、画像に映っている対象の位置・構成（コンテンツ）は保ちつつ、画像の画風（スタイル）だけを異なるものに変換する処理を指します。図11.1の例を見てみましょう。

出典 「Perceptual Losses for Real-Time Style Transfer and Super-Resolution」(Justin Johnson, Alexandre Alahi, Li Fei-Fei、2016)、Fig. 4より引用

URL https://arxiv.org/pdf/1603.08155.pdf

図11.1 画風変換の例

図11.1上段左側が変換する元画像で、右側が変換後の画像になります。元画像の位置・構成はそのままに、画風だけが変更されているのがわかると思います。下段にあるのが、画風の参考にしたゴッホの作品（The Starry Night,Vincent van Gogh,1889）です。

このよう画風変換では元画像のコンテンツを保ちつつ、スタイルだけが変換されます。見た目にもわかりやすく、インパクトの強い処理ということもあり、深層学習モデルを使って自分の好きなスタイルに変換できれば、活用の幅も大きく広がりそうです。

ここでは高速な画風変換の手法を提案した論文、「Perceptual Losses for Real-Time Style Transfer and Super-Resolution」(Justin Johnson, Alexandre Alahi, and Li Fei-Fei、2016)※1、を参考にしながら、なるべくシンプルに実装を進めていきたいと思います。

11.1.2 損失関数を工夫することで適用範囲が広がる

機械学習や深層学習では出力される値が何に近づいてほしいかを損失関数を用いて定義し、損失の値が小さくなるように重みパラメータを調整することで、意図通りの出力がなされるように学習します。

この損失関数を工夫することで、本章で紹介する画風変換や第10章の超解像など、深層学習の応用の幅は大きく広がります。では、画風変換ではどのような損失関数を使えばよいでしょうか？

画像のコンテンツは保ちつつ、スタイルのみを変換したいわけですから、コンテンツとスタイルに関する損失をそれぞれ定義して、コンテンツは元の画像との近さを保ちつつ、同様にスタイルも手本となる画風に近づくようにすれば良さそうです。

ここでポイントとなるのは、前章までのネットワークのように、画像同士の「近さ」を直接測るのではなく、コンテンツの「近さ」とスタイルの「近さ」の2つを測る点です。

しかしどのようにすればこのコンテンツやスタイルの近さを測れるのでしょうか？

実はここでも深層学習モデルの特性が活用できます。深層学習モデルでは、入力に近い層ではエッジや色、テクスチャなど、具体的で詳細な特徴が表現され、出力層に近くなるにつれて高次元の概念的な特徴が表現されていると考えられます。このことを考えると、画像の持つコンテンツやスタイルといった特徴も「深層学習に画像を入力した場合に中間層で表現されているのではないか」という発想が理解できます。

画像をコンテンツやスタイルの特徴を抽出するための深層学習モデルに入力して、その出力を手本となる画像と比較することで、コンテンツやスタイルの近さ

※1 URL https://arxiv.org/abs/1603.08155

を測定できそうです。それさえできれば、これまでの章で見てきたようにCAEを使って、コンテンツやスタイルが近くなるような画像を生成することができます。

画風変換は損失関数の定義を工夫することで新たな深層学習モデルの活用を実現した興味深い例です。このように深層学習や生成モデルでは、損失の定義や工夫によって思いもよらない方向に応用範囲が広がることに、しばしば驚かされます。

11.1.3 構築するネットワークの概要

ネットワークの概観を確認しましょう。まず構築するネットワークは画像生成用のネットワーク（変換ネットワーク）と、損失計算用のネットワーク（損失ネットワーク）の2つになります（図11.2）。

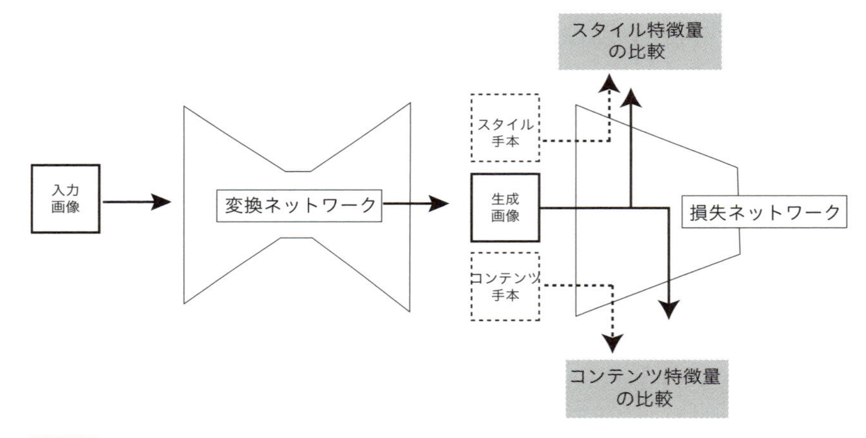

図11.2 画風変換のネットワークの概念図

図11.2左側の変換ネットワークは、前章までのCAEと同じです。画像を入力すると、画風が変換された画像が生成されます。

図11.2右側の損失ネットワークには、学習済みモデルのVGG16を使います。VGG16の構造を少し変更することで、コンテンツやスタイルを表す特徴量を出力できるように改造できることが知られているからです。よって左側の変換ネットワークで生成された画像を損失ネットワークに入力すると、コンテンツやスタイルを表す特徴量が出力されることになります。この特徴量を手本となる画像の特徴量と比較し、差異を損失として定義します。

この損失が小さくなるように、変換ネットワークの重みのみを学習するわけです。最終的に画風変換に必要なのは変換ネットワークだけなので、学習が終われば損失ネットワークは使いません。

11.2 画風変換モデルの学習方法

モデルを構築する前に学習の全体像について整理します。

11.2.1 学習時の入力と出力

11.1で紹介した「Perceptual Losses for Real-Time Style Transfer and Super-Resolution」の論文を参考に、もう少し具体的なネットワーク構造を確認して、学習時の入力と出力とを整理してみましょう。

まず、変換対象の画像xを1枚入力すると、変換ネットワークf_W（図11.3左側）を通して、何らかの変換が行われた画像$\hat{y}$が1枚生成されます。生成された画像がさらに損失ネットワークϕに入力され、中間層の特徴量を出力します（図11.3右側の黒線と矢印）。この出力された特徴量を、手本となる特徴量と比較し、その差（損失関数）が小さくなるように学習を行います。後ほど説明しますが、スタイルとコンテンツはそれぞれ、異なる損失関数（グラム行列や二乗誤差を用いる）で定義します。

正解データとして、手本となる画像の特徴量を利用することで、変換画像と正解画像の差を測ります。

なお、特徴量はVGG16の深さの異なる層からそれぞれ抽出するため、学習用のネットワークでは、画像を1枚入力するごとに複数の特徴量が出力されます。

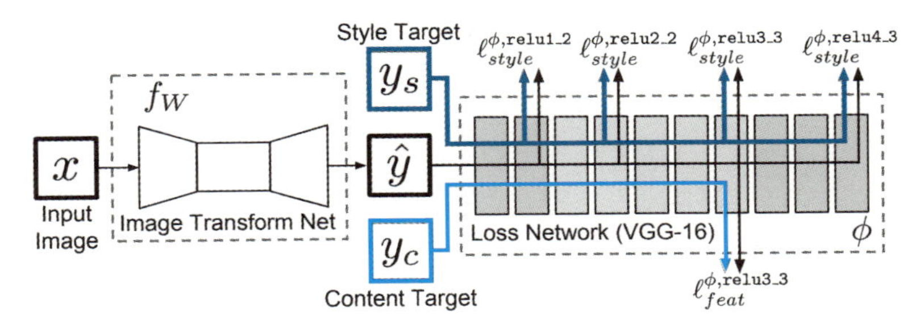

図11.3 画風変換のネットワーク構成

出典 「Perceptual Losses for Real-Time Style Transfer and Super-Resolution」（Justin Johnson, Alexandre Alahi, Li Fei-Fei、2016）、Fig. 2より引用

URL https://arxiv.org/pdf/1603.08155.pdf

手本となる特徴量は前準備として事前に計算して、モデルの学習時に画像とともに入力することにします。

学習時のプロセスは次のようになります。

1. 画像を変換ネットワークに入力すると、変換した画像が生成される
2. 生成された画像は損失ネットワークに入力すると特徴量が出力される
3. 出力された特徴量と手本となる特徴量（正解データ）が比較され損失が算出される
4. 誤差（損失）が逆伝搬され、変換ネットワークの重みが更新され徐々に生成画像と手本となる特徴量の誤差が小さくなっていく

11.3 モデルの構築

ここからは実際に画風変換のモデルを構築していきます。

11.3.1 画風変換の実施手順

画風変換の実施手順は次のようになっています。少し長くなりますが、頑張って実装してみましょう。

手順① ネットワークの構築
手順② 学習データの準備
手順③ 損失関数の定義
手順④ モデルの学習
手順⑤ モデルを使って画風変換

11.3.2 手順①ネットワークの構築

手順①-1：変換ネットワーク

変換ネットワークは、畳み込み層を利用したCAEの構造です（図11.4）。

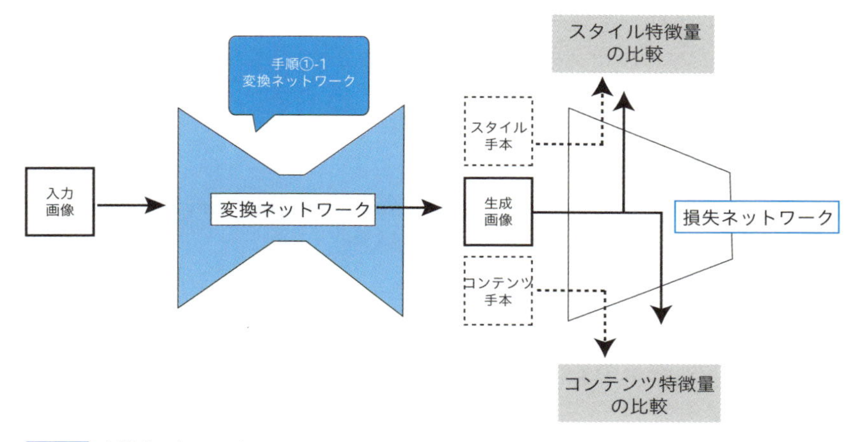

図11.4 変換ネットワーク

一般的なCAEとの違いとしては、大きく次の2点です。

1. プーリング層を用いていない点
2. ResidualBlockを用いている点

1つ目の違いは、プーリング層を使わずに畳み込み時のストライド（幅）を大きくすることで特徴量マップのサイズを小さくしている点です。

もう1つはResidualBlockの導入です。ResidualBlockとは、深層学習の層を深くする際に、効率的に学習が進むようにするための方法です。

まずResidualBlockを作成するresidual_block関数を定義します。

ResidualBlockの構造は図11.5のようになっています。畳み込み層や活性化関数を積み上げている点は第8章や第9章と同じですが、スキップコネクションが入っている点が異なります。

スキップコネクションについては、第10章の超解像で触れています。

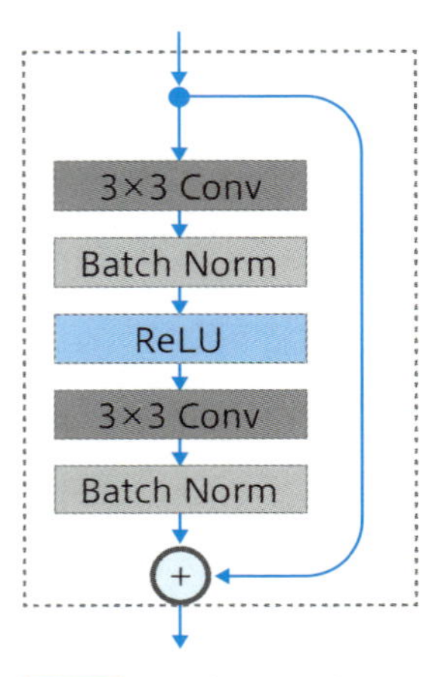

図11.5 ResidualBlockの図

出典 「Perceptual Losses for Real-Time Style Transfer and Super-Resolution: Supplementary Material」（Justin Johnson, Alexandre Alahi, Li Fei-Fei、2014）、Fig. 1より引用

URL https://cs.stanford.edu/people/jcjohns/papers/fast-style/fast-style-supp.pdf

リスト11.1ではreturn部分（リスト11.1 ❶）で入力部分と積み上げた層の出力についての和をAddレイヤーを使って計算することで、これを実現しています。

リスト11.1 ResidualBlockを作成する関数の定義

In

```
from tensorflow.python.keras.layers import Conv2D, ➡
BatchNormalization, Add, Activation


def residual_block(input_ts):
    """ResidualBlockの構築する関数"""
    x = Conv2D(
```

```
        128, (3, 3), strides=1, padding='same'
    )(input_ts)
    x = BatchNormalization()(x)
    x = Activation('relu')(x)
    x = Conv2D(128, (3, 3), strides=1, padding='same')(x)
    x = BatchNormalization()(x)
    return Add()([x, input_ts]) ―――――――――――― ❶
```

次に変換ネットワークを構築するencoder_decoder関数を定義します。Encoder部分では、Lambdaレイヤーを使って入力された値を[0, 1]の範囲にスケール変換し、一度畳み込みをかけます（リスト11.2❶）。そして、ストライド数が2の畳み込み層を2つ追加することで、特徴量マップを小さくしながら、フィルタ数を増やしていきます（リスト11.2❷）。さらにリスト11.1で定義したresidual_block関数を使って、ResidualBlockを5つ積み上げています（リスト11.2❸）。

Decoder部分ではConv2DTransposeを使って、Encoder部分のConv2Dと逆の処理を行い特徴量マップを大きくしながら、フィルタ数を減らしていきます（リスト11.2❹）。

最終的に入力画像と同じサイズの画像が生成されるようになっています。活性化関数は最終層以外ではreluを用いています。最終層のみtanhを用いて値が[-1, 1]になるようにスケール変換した上で、Lambda層で再度、スケール変換させ、出力値が[0, 255]になるように工夫されています（リスト11.2❺）。変換ネットワークの生成関数が定義できたら、関数を呼び出してネットワークを構築しておきます。

リスト11.2 変換ネットワークを構築するencoder・decoder関数の定義

In

```
from tensorflow.python.keras.layers import Input, ➡
Lambda, Conv2DTranspose
from tensorflow.python.keras.models import Model


def build_encoder_decoder(input_shape=(224, 224, 3)):
    """変換用ネットワークの構築"""
```

```
    # Encoder部分
    input_ts = Input(shape=input_shape, name='input')

    # 入力を[0, 1]の範囲に正規化                          ❶
    x = Lambda(lambda a: a/255.)(input_ts)

    x = Conv2D(32, (9, 9), strides=1, ➡
padding='same')(x)
    x = BatchNormalization()(x)
    x = Activation('relu')(x)

    x = Conv2D(64, (3, 3), strides=2, ➡                  ❷
padding='same')(x)
    x = BatchNormalization()(x)
    x = Activation('relu')(x)

    x = Conv2D(128, (3, 3), strides=2, ➡
padding='same')(x)
    x = BatchNormalization()(x)
    x = Activation('relu')(x)

    # ResidualBlockを5ブロック追加                        ❸
    for _ in range(5):
        x = residual_block(x)

    # Decoder部分                                         ❹
    x = Conv2DTranspose(
            64, (3, 3), strides=2, padding='same'
    )(x)
    x = BatchNormalization()(x)
    x = Activation('relu')(x)

    x = Conv2DTranspose(32, (3, 3), strides=2, ➡
padding='same')(x)
    x = BatchNormalization()(x)
    x = Activation('relu')(x)

    x = Conv2DTranspose(3, (9, 9), strides=1, ➡
padding='same')(x)
    x = BatchNormalization()(x)
    x = Activation('tanh')(x)
```

```
    # 出力値が[0, 255]になるようにスケール変換
    gen_out = Lambda(lambda a: (a + 1)*127.5)(x)

    model_gen = Model(
        inputs=[input_ts],
        outputs=[gen_out]
    )

    return model_gen

input_shape = (224, 224, 3)

# 変換ネットワークの構築
model_gen = build_encoder_decoder(
    input_shape=input_shape
)
```

❺

手順①-2：学習用ネットワーク

学習用ネットワークは、変換ネットワークと損失ネットワークをつなげた、ネットワーク全体となります。損失ネットワークは、第6章でも利用したVGG16という学習済みモデルを使います（図11.6）。

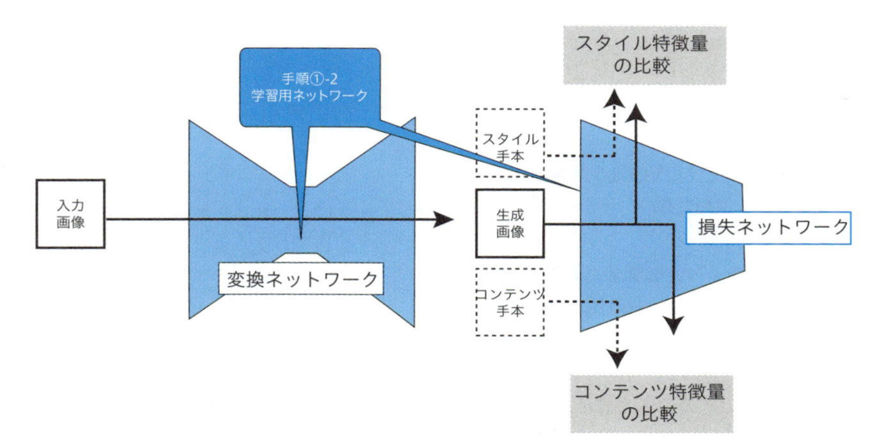

図11.6 学習用ネットワーク

ただし、今回は中間層から得られる特徴量を出力できるよう、修正を加える必要があります。抽出する中間層の名前は表11.1に示すようになっています。コンテンツの特徴量は1つの層から、スタイルの特徴量は4つの層から複数抽出します。層の名前はlayerオブジェクトのname属性にアクセスすれば取得可能です。

表11.1 抽出するVGG16の中間層の名前

要素	層の名前
コンテンツ	block3_conv3
スタイル	block1_conv2、block2_conv2、block3_conv3、block4_conv3

まず学習済みのVGG16のネットワークを呼び出します（リスト11.3❶）。損失ネットワークの重みパラメータを学習させる必要はないため、layerオブジェクトのtrainable属性をFalseに設定しておきます（リスト11.3❷）。また、VGG16の入力値を前処理（中心化および色チャンネルの変換）するための関数を定義しています。そして中間層から特徴量を抽出できるように、VGG16の各層をループしながらネットワークを再構築しつつ、特徴量を抽出したい中間層の出力部分をそれぞれリストに追加して保存しておきます。この出力部分のリストと入力を使って新たなモデルを定義します。なお、入力層は変換ネットワークからの出力を使うので、model_gen.outputを使います（リスト11.3❸）。

リスト11.3 学習用ネットワークの構築

In

```
from tensorflow.python.keras.applications.vgg16 import ➡
VGG16


# 学習済みモデルVGG16の呼び出し        ❶
vgg16 = VGG16()

# 重みパラメータを学習させない設定をする   ❷
for layer in vgg16.layers:
    layer.trainable = False

# VGG16のための入力値を前処理する関数
def norm_vgg16(x):
        """RGB->BGR変換と近似的に中心化を行う関数"""
```

```
        return (x[:, :, :, ::-1]  - 120)/255.

# 特徴量を抽出する層の名前を定義
style_layer_names = (
    'block1_conv2',
    'block2_conv2',
    'block3_conv3',
    'block4_conv3'
)
contents_layer_names = ('block3_conv3',)

# 中間層の出力を保持するためのリスト
style_outputs_gen = []
contents_outputs_gen = []

input_gen = model_gen.output  # 変換ネットワークの➡
出力を入力とする                                              ❸
z = Lambda(norm_vgg16)(input_gen)  # 入力値の正規化
for layer in vgg16.layers:
    z = layer(z)  # VGG16の層を積み上げてネットワークを再構築
    if layer.name in style_layer_names:
        # スタイル特徴量抽出用の中間層の出力を追加
        style_outputs_gen.append(z)
    if layer.name in contents_layer_names:
        # コンテンツ特徴量抽出用の中間層の出力を追加
        contents_outputs_gen.append(z)

# モデルを定義
model = Model(
      inputs=model_gen.input,
      outputs=style_outputs_gen + contents_outputs_gen
)
```

11.3.3　手順②学習データの準備

学習データの準備として、正解データとジェネレータを作成します。

正解データはモデルの学習時に、入力画像と一緒に渡す必要があるため、事前に準備し（表11.2）、ジェネレータから、入力画像とともに出力されるようにします。

表11.2 入力データと正解データ

データ	内容
入力データ	変換対象の画像
正解データ	スタイルの手本となる特徴量、コンテンツの手本となる特徴量

手順②-1：正解データの準備

まず、正解データの準備です。正解データは、損失ネットワークを経由して出力される、手本となる画像の特徴量です。ここでのスタイルの手本はピエト・モンドリアンの作品の画像を使います。またコンテンツの手本は変換前の画像、すなわち入力画像となります。

手順①-2で生成画像の特徴量を出力させる学習用ネットワークを構築しましたが、同じ方法で正解データの特徴量も抽出します。表11.3にあるように必要な画像数としては、スタイルの手本となる画像が1枚、コンテンツの手本となる画像は入力画像の枚数だけ必要です。スタイルは、どのコンテンツに対しても、同じであるため、事前に一度特徴量を抽出すれば使い回すことができます。一方で、コンテンツは入力画像ごとに存在するため、入力画像と同じ数だけ特徴量抽出が必要になります。

表11.3 準備する正解データの数

要素	利用する画像	画像数
スタイル	ピエト・モンドリアンの作品	1枚
コンテンツ	入力画像	約10,000枚（入力画像数）

スタイルの手本となる特徴量を準備します（図11.7、リスト11.4）。手本となる画像を読み込み、確認してみましょう。

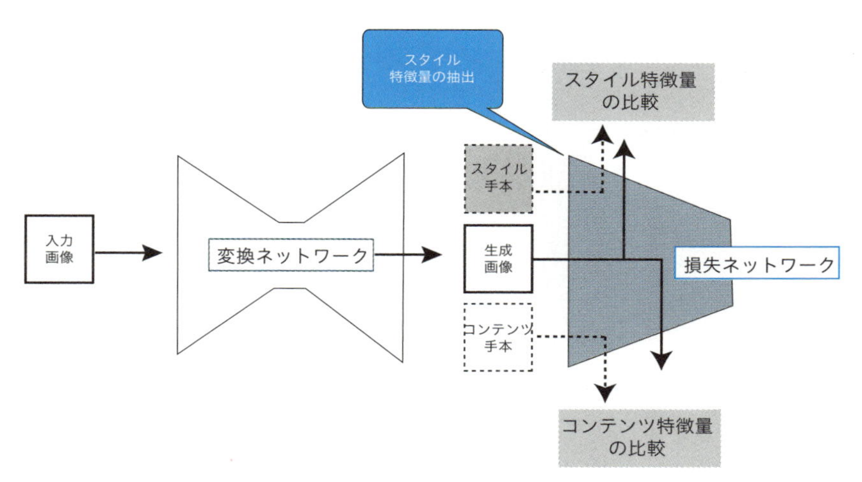

図11.7 スタイル特徴量の抽出

リスト11.4 スタイルの手本となる画像の読み込み

In

```
input_size = input_shape[:2]

# スタイル画像の読み込み
img_sty = load_img(
    'img/style/Piet_Mondrian_Composition.png',
    target_size=input_size
)

# スタイル画像の表示
img_sty
```

Out

```
#図11.8を参照
```

図11.8 スタイルの手本となる画像

出典 「Composition」(Piet Mondrian,1916)

読み込んだ画像をnumpy.ndarrayに変換して、モデルに入力できるように次元を上げます（リスト11.5）。

リスト11.5 スタイルの手本となる画像をnumpy.ndarrayに変換

In

```
# 読み込んだ画像をnumpy.ndarrayに変換
img_arr_sty = np.expand_dims(img_to_array(img_sty), axis=0)
```

画像の準備ができたら、手本となる画像からスタイル特徴量の抽出を行います。

学習用ネットワークの構築と同じアプローチでスタイルの特徴量のみ出力するモデルを構築し（図11.7）、predictメソッドに手本となる画像の配列値を渡せば特徴量が出力されます（リスト11.6）。

リスト11.6 手本となる画像のスタイル特徴量の抽出

In

```
# 入力層の定義
input_sty = Input(shape=input_shape, name='input_sty')

style_outputs = []  # 中間層の出力を保持するリスト
x = Lambda(norm_vgg16)(input_sty)
```

```
for layer in vgg16.layers:
    x = layer(x)
    if layer.name in style_layer_names:
        style_outputs.append(x)

# スタイルの手本となる画像を入力して、特徴量を出力するモデルを定義
model_sty = Model(
    inputs=input_sty,
    outputs=style_outputs
)

# 手本画像から正解データとなる特徴量を抽出
y_true_sty = model_sty.predict(img_arr_sty)
```

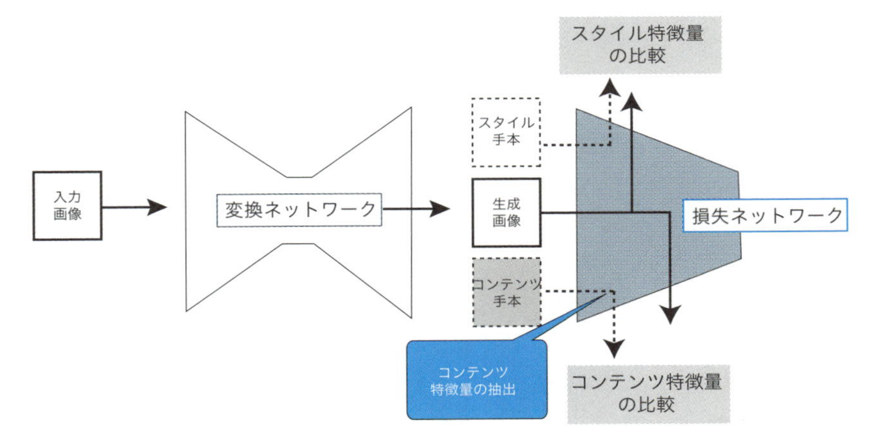

図11.9 コンテンツ特徴量の抽出

同様にコンテンツの特徴量を抽出するための準備を行います（図11.9）。コンテンツの特徴量は入力画像ごとに抽出する必要があるため、ここでは特徴量を出力するモデルを定義するだけにとどめ、実際の抽出は後述のジェネレータ内で行います（リスト11.7）。

リスト11.7 手本となる画像のコンテンツ特徴量の抽出用ネットワーク構築

In

```
# 入力層の定義
input_con = Input(shape=input_shape, name='input_con')

contents_outputs = [] # 中間層の出力を保持するリスト
y = Lambda(norm_vgg16)(input_con)
for layer in vgg16.layers:
    y = layer(y)
    if layer.name in contents_layer_names:
        contents_outputs.append(y)

# コンテンツの手本画像を入力して、特徴量を出力するモデルを定義
model_con = Model(
    inputs=input_con,
    outputs=contents_outputs
)
```

これで正解データの準備は完了です。これらの正解データを入力画像とひとまとまりにして、モデルに入力することで学習が可能になります（図11.10）。

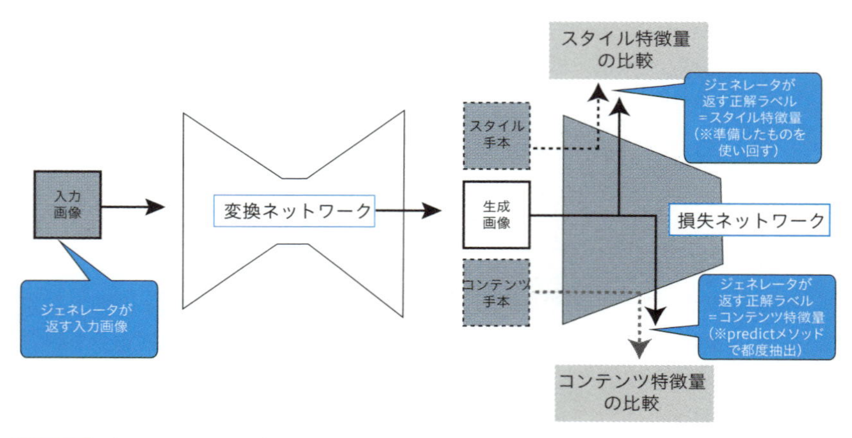

図11.10 ジェネレータで出力する値

手順②-2：ジェネレータの作成

入力画像と正解データを返すようなジェネレータを定義しましょう。定義したモデルは出力が複数あり、学習時に使用するデータの内容や構造が複雑なため、自作のジェネレータを定義します。

1. 入力値として画像
2. 正解データとして、スタイル特徴量とコンテンツ特徴量

ジェネレータが返してほしいのは、上記の1、2になります。

まず画像ファイルを読み込むためのラッパー関数の定義です。load_imgsで読み込んだ画像は（リスト11.8）、numpy.ndarrayへ変換して配列の次元を1つ上げる必要があるため、それらの処理をまとめて関数で実施しています。画像ファイルへのパスをリストで入力すると、リストに含まれるパスの画像が整形され、まとめて配列として返されます。

リスト11.8 画像読み込み用の関数定義

In

```
# 画像ファイル読み込み用のラッパー関数定義
def load_imgs(img_paths, target_size=(224, 224)):
    """画像ファイルのパスのリストから、配列のバッチを返す"""
    _load_img = lambda x: img_to_array(
        load_img(x, target_size=target_size)
    )
    img_list = [
        np.expand_dims(_load_img(img_path), axis=0)
        for img_path in img_paths
    ]
    return np.concatenate(img_list, axis=0)
```

次にジェネレータの定義です。ジェネレータは、表11.4のようなデータを含むタプルを返すようにしてあります。

タプルの中の1要素目は、入力画像としてバッチサイズ分の画像配列です。

タプルの中の2要素目は正解データのリストです。

定義したネットワークは複数出力を持つため、モデルに渡す正解データも複数となります。リストの中にそれぞれバッチサイズ分の特徴量が入っています。リスト内の最初の4要素がスタイルの特徴量、最後がコンテンツ特徴量です。

表11.4 ジェネレータが返すべきデータフォーマット

タプルの要素	格納される要素の説明	データ型
タプルの要素1	バッチサイズ分の画像	numpy.ndarray
タプルの要素2 list	バッチサイズ分の画像のスタイル特徴量1	numpy.ndarray
	バッチサイズ分の画像のスタイル特徴量2	numpy.ndarray
	バッチサイズ分の画像のスタイル特徴量3	numpy.ndarray
	バッチサイズ分の画像のスタイル特徴量4	numpy.ndarray
	バッチサイズ分の画像のコンテンツ特徴量	numpy.ndarray

ジェネレータを生成する関数の中では、バッチサイズ分の画像ファイルを読み込み、画像ごとのコンテンツ特徴量を抽出します。スタイル特徴量はどの入力画像に対しても同じなので関数の引数として受け渡します。読み込んだ画像とコンテンツ特徴量、スタイル特徴量をタプルに格納し、yield文を使って出力するようになっています（リスト11.9 ①）。

リスト11.9 ジェネレータ用の関数定義

In

```
import math


def train_generator(img_paths, batch_size, model, ➡
y_true_sty, shuffle=True, epochs=None):
    """学習データを生成するジェネレータ"""
    n_samples = len(img_paths)
    indices = list(range(n_samples))
    steps_per_epoch = math.ceil(n_samples / batch_size)
    img_paths = np.array(img_paths)
    cnt_epoch = 0
    while True:
        cnt_epoch += 1
        if shuffle:
            np.random.shuffle(indices)
        for i in range(steps_per_epoch):
            start = batch_size*i
            end = batch_size*(i + 1)
            X = load_imgs(img_paths[indices[start:end]])
            batch_size_act = X.shape[0]
```

```
            y_true_sty_t = [
                np.repeat(feat, batch_size_act, axis=0)
                for feat in y_true_sty
            ]
            # コンテンツ特徴量の抽出
            y_true_con = model.predict(X)
            yield (X,  y_true_sty_t + [y_true_con]) ―❶
        if epochs is not None:
            if cnt_epoch >= epochs:
                raise StopIteration
```

実際にジェネレータを生成します（リスト11.10）。引数には、すべての入力画像ファイルのパスとバッチサイズ、そして正解データの前準備として構築したコンテンツ特徴量生成モデルのmodel_conとスタイル特徴量のy_true_sty、エポック数を渡しています（リスト11.10❶）。ここではバッチサイズを2、エポック数を10としています（リスト11.10❷）。

リスト11.10 ジェネレータの生成

In

```
import glob


# 入力画像ファイルのパスを取得
path_glob = os.path.join('img/context/*.jpg')
img_paths = glob.glob(path_glob)

# バッチサイズとエポック数の設定 ―┐
batch_size = 2                    ├❷
epochs = 10 ――――――――――――――――――――――┘

# ジェネレータを生成 ―――――――――――――┐
gen = train_generator(            │
    img_paths,                    │
    batch_size,                   ├❶
    model_con,                    │
    y_true_sty,                   │
    epochs=epochs                 │
) ――――――――――――――――――――――――――――――┘
```

11.3.4 手順③損失関数の定義

損失関数はネットワークが出力した値（y_pred）と正解データの値（y_true）の差をどのように測るかを定義します。11.1で紹介した「Perceptual Losses for Real-Time Style Transfer and Super-Resolution」ではコンテンツ特徴量の損失は二乗誤差で測っているため 図11.11 、 リスト11.11 のように定義します。自作の損失関数を定義する場合には、y_trueとy_predを引数にとり、データポイントの数だけ損失の値を返すような関数を作成する必要があります（図11.12 、 リスト11.12 ）。

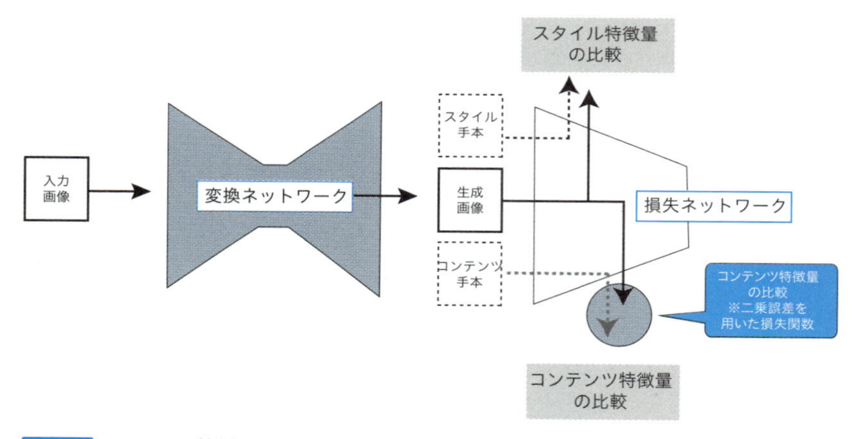

図11.11 コンテンツ特徴量の損失関数

リスト11.11 コンテンツ特徴量の損失関数

In

```
from tensorflow.python.keras import backend as K


def feature_loss(y_true, y_pred):
    """コンテンツ特徴量の損失関数"""
    norm = K.prod(K.cast(K.shape(y_true)[1:], 'float32'))
    return K.sum(
        K.square(y_pred - y_true), axis=(1, 2, 3)
    )/norm
```

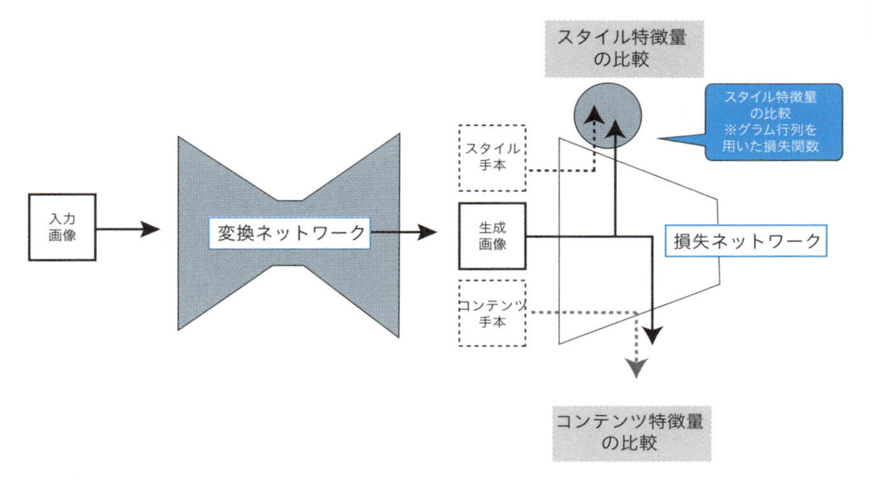

図11.12 スタイル特徴量の損失関数

スタイルの近さは、特徴量マップ同士の内積で得られることが論文で示唆されています。これをグラム行列と呼び、リスト11.12 ❶で計算しています。

出力値と正解データに関して、それぞれグラム行列を計算し、それらの二乗誤差をとります。グラム行列の計算では、特徴量マップ（チャンネル）同士の内積をとるため、ミニバッチ方向とチャンネル方向の軸はそのままに、高さと幅方向の軸を展開（flatten）しています。この展開のための準備として、テンソルの軸の入れ替えを事前に行っています。

リスト11.12 スタイル特徴量の損失関数

In

```
def gram_matrix(X):
    """グラム行列の算出"""
    X_sw = K.permute_dimensions(
        X, (0, 3, 2, 1)
    )  # 軸の入れ替え
    s = K.shape(X_sw)
    new_shape = (s[0], s[1], s[2]*s[3])
    X_rs = K.reshape(X_sw, new_shape)
    X_rs_t = K.permute_dimensions(
        X_rs, (0, 2, 1)
    )  # 行列の転置
    dot = K.batch_dot(X_rs, X_rs_t)  # 内積の計算
    norm = K.prod(K.cast(s[1:], 'float32'))
    return dot/norm
```
❶

```
def style_loss(y_true, y_pred):
    """スタイル用の損失関数定義"""
    return K.sum(
        K.square(
            gram_matrix(y_pred) - gram_matrix(y_true)
        ),
        axis=(1, 2)
    )
```

11.3.5 手順④ モデルの学習

まず、モデルや変換画像を保存するためのディレクトリを生成しておきます(リスト11.13)。準備ができたら、構築したネットワークをコンパイルして学習に進みます。コンパイル時の最適化アルゴリズムはAdadeltaを利用しています。引数lossには定義した損失関数を5つの出力に対応する形でリストにして渡します(リスト11.14 ❶)。

リスト11.13 モデルや結果を保存するディレクトリの準備

In

```
import datetime


# モデルや結果を保存するディレクトリの準備
dt = datetime.datetime.now()
dir_log = 'model/{:%y%m%d_%H%M%S}'.format(dt)
dir_weights = 'model/{:%y%m%d_%H%M%S}/weights'.format(dt)
dir_trans = 'model/{:%y%m%d_%H%M%S}/img_trans'.format(dt)

os.makedirs(dir_log, exist_ok=True)
os.makedirs(dir_weights, exist_ok=True)
os.makedirs(dir_trans, exist_ok=True)
```

リスト11.14 モデルのコンパイル

In

```
from tensorflow.python.keras.optimizers import Adadelta


# モデルのコンパイル
model.compile(
      optimizer=Adadelta(),
      loss=[
            style_loss,
            style_loss,
            style_loss,
            style_loss,
            feature_loss
        ],
      loss_weights=[1.0, 1.0, 1.0, 1.0, 3.0]  ❶
)
```

学習は、生成したジェネレータをfor文でループさせ行っています（リスト11.15）。入力値をミニバッチごとにtrain_on_batchメソッドに渡します。ここでは、1000回ミニバッチを学習するごとに、変換した画像やモデルは、1エポックごとに保存するように設定しています。

リスト11.15 モデルの学習

In

```
import pickle


# 学習中に画風変換の途中経過を確認するため
# 読み込んだ画像をnumpy.ndarrayに変換
img_test = load_img(
    'img/test/building.jpg',
    target_size=input_size
)
img_arr_test = img_to_array(img_test)
img_arr_test = np.expand_dims(
    img_to_array(img_test),
    axis=0
```

```
)

# エポックごとのバッチ数の計算
steps_per_epoch = math.ceil(len(img_paths)/batch_size)

iters_verbose = 1000
iters_save_img = 1000
iters_save_model = steps_per_epoch

# 学習実施
# 学習にはGPUを利用して、数時間かかる
now_epoch = 0
losses = []
path_tmp = 'epoch_{}_iters_{}_loss_{:.2f}_{}'
for i, (x_train, y_train) in enumerate(gen):

    if i % steps_per_epoch == 0:
        now_epoch += 1

    # 学習
    loss =  model.train_on_batch(x_train, y_train)
    losses.append(loss)

    # 学習経過の表示
    if i % iters_verbose == 0:
        print(
            'epoch:{}, iters:{}, loss:{:.3f}'.format(
                now_epoch, i, loss[0]
            )
        )

    # 画像の保存
    if i % iters_save_img == 0 :
        pred = model_gen.predict(img_arr_test)
        img_pred = array_to_img(pred.squeeze())
        path_trs_img = path_tmp.format(
            now_epoch, i, loss[0], '.jpg'
        )
        img_pred.save(
```

```
            os.path.join(
                dir_trans,
                path_trs_img
            )
        )
        print('# image saved:{}'.format(path_trs_img))

    # モデル、損失の保存
    if i % iters_save_model == 0 :
        model.save(
            os.path.join(
                dir_weights,
                path_tmp.format(
                    now_epoch, i, loss[0], '.h5'
                )
            )
        )
        path_loss = os.path.join(dir_log, 'loss.pkl')
        with open(path_loss, 'wb') as f:
            pickle.dump(losses, f)
```

学習には、2～3時間かかります※2。コンテンツ画像が10000枚程度の場合は、概ね10エポックを実行すると画風変換ができるようです。

11.3.6　手順⑤ モデルを使って画風変換

学習した変換ネットワーク使って画風を変換してみましょう（リスト11.16、図11.13）。

学習時にリスト11.15で読み込んだ、変更用の画像をpredictメソッドに渡して、変換後の画像を出力させます（リスト11.17）。

※2　利用するマシンのスペックによって学習に要する時間は変わります。

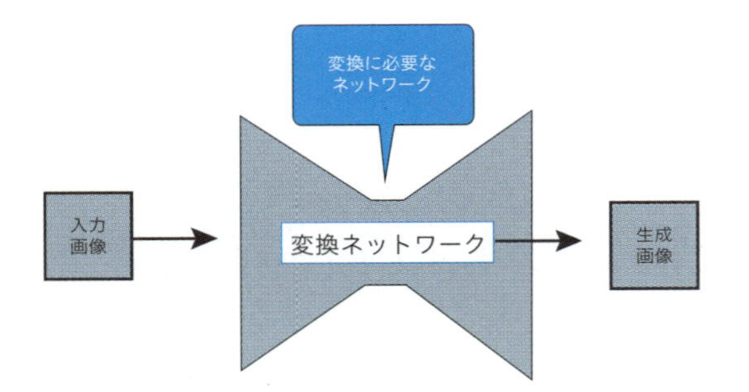

図11.13 画風変換

リスト11.16 変換前の画像表示

In

```
# 変換前の画像の表示
img_test
```

Out

```
#図11.14（左）を参照
```

リスト11.17 画像の変換

In

```
# モデルの適用
pred = model_gen.predict(img_arr_test)

# 変換後の画像の表示
img_pred = array_to_img(pred.squeeze())
img_pred
```

Out

```
#図11.14（右）を参照
```

図11.14 変換前（左）と変換後（右）の画像

11.3.7　学習時の注意点

深層学習では、データセットが変わるだけで様々な調整が必要になることがあります。今回のモデルでも、表11.5のようなパラメータを試行錯誤しながら調整しています。読者の方が独自に集めたデータに適用した際にうまく変換できない、などのことがあれば、表11.5を参考にモデルの改善にチャレンジしてみてください。

表11.5 学習時の注意点

概要	内容
学習データの追加	論文では、context用の学習データ80,000枚で行っている。いろいろなデータセットで試してみよう
バッチサイズの調整	バッチサイズは2や1など、小さい値のほうが安定して学習できるようである
エポック数の調整	約10000枚の学習画像で、10エポック程度回すと見た目は概ね変換できるようである
loss_weightsの調整	スタイルによっては、コンテンツの損失の重みをloss_weightsで調整する必要がある。コンテンツがわかりにくい場合はコンテンツの損失のウェイトを変更してみよう
TVRegularizerの追加調整	本編では触れていないが、実際のコードにはTotal Variation Regularizer(TVRegularizer)という正則化を入れている。この重みも調節すると色の感じが変わってくるようである

11.4 まとめ

本章で解説した内容をまとめました。

11.4.1 画風変換について

画風変換はCAE構造から損失の算出を工夫することで実現できます。本章では損失関数の算出にVGG16という学習済みモデルの中間層を利用し、コンテンツとスタイルの特徴量を使った損失を計算しました。また入力や出力が複数あるような複雑なモデル構築も体験できたと思います。次章では、GAN（敵対的生成ネットワーク）を実装します。

CHAPTER 12

画像生成

本章では、BEGANと呼ばれるネットワークを構築して顔写真の生成に挑戦します。
ここまでの章で、CAEに修正を加えたり損失関数を工夫することで様々なタスクに対応できることを確認しました。特に第11章では損失関数にニューラルネットワークを用いることで、画風変換のように誤差の定義すら難しいタスクにも対応できることを紹介しました。BEGANは損失関数の計算にCAEを利用する変わったネットワークで、リアルな画像を生成できるネットワークとして知られています。

12.1 CAEと画像生成

ここでは、前章までに見てきたCAEと、本章のテーマである画像生成の関係について簡単にまとめます。

12.1.1 EncoderとDecoder

ここまでに紹介した自動着色（第9章）、超解像（第10章）、画風変換（第11章）はすべてCAEをベースとしており、図12.1のようなネットワーク構造となっていました。CAEでは、まず画像がEncoderに入力され、中間表現に変換されます。次に中間表現がDecoderによって、画像に変換され、出力されます。

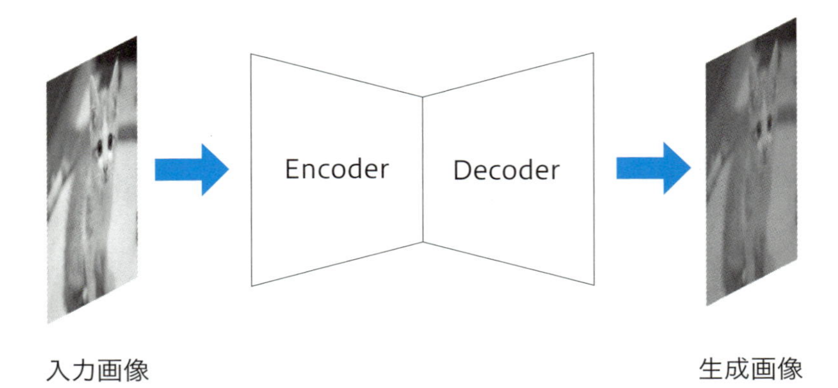

図12.1 CAEの構造

本章で取り上げる画像生成では、上記のEncoderを取り払い、Decoder部分のみで構成されるようなネットワークを用います（図12.2）。Encoderで画像を中間表現に変換してDecoderの入力とするのではなく、ランダムなベクトルを直接Decoderの入力とします。これまでDecoderと呼んでいた部分は、ここではEncoderと対になっていないため、ランダムなベクトルから画像を生成するという意味を込めてGeneratorと呼ぶことにします。

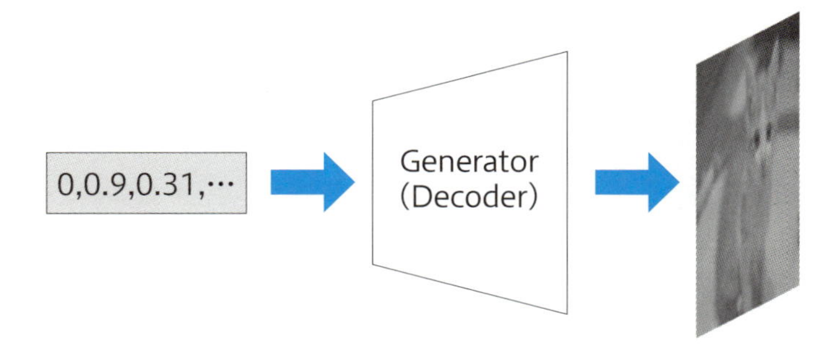

図12.2 Decoder部分だけのネットワーク

それでは、Generatorはどうやって学習したらよいのでしょうか？

単純に考えると、「入力ベクトル」と「画像」のペアがあれば、学習はできそうです。しかし、生成したい画像を大量に集めることができたとしても、入力ベクトルとの対応付けを行う方法がありません。

最もシンプルな方法として、図12.1のCAEを学習して、Encoderを取り除いてしまえばよいと思われるかもしれません。実はこの方法ではうまくいかないことが知られています。

図12.3と図12.4は、実際にこの方法で、MNISTの画像を生成させた結果です。図12.3では、あらかじめEncoderでMNISTの画像をベクトルに変換しておき、Generatorに入力しています。つまり、CAEと同じ結果となります。一方、図12.4では、ランダムなベクトルを生成して、Generatorに入力しています。

図12.3 Encoderで入力ベクトルを生成し、そのベクトルを元に生成した画像

図12.4 ランダムな入力を元に生成した画像

この2つの図からわかることは、これらの方法では、特定のベクトルに対してはきれいに画像を生成することができるものの、好き勝手なベクトルを与えた場合はしっかりと画像を生成できるわけではないということです。この問題を解決し、ランダムな入力に対してもきれいな画像を生成できるようにしたのがVAE（Variational AutoEncoder）と呼ばれる方法です（図12.5）。ここでは詳細は割愛しますが、VAEでは、Encoderの出力に「ゆらぎ」を持たせることで、前述のような問題を解決しています。

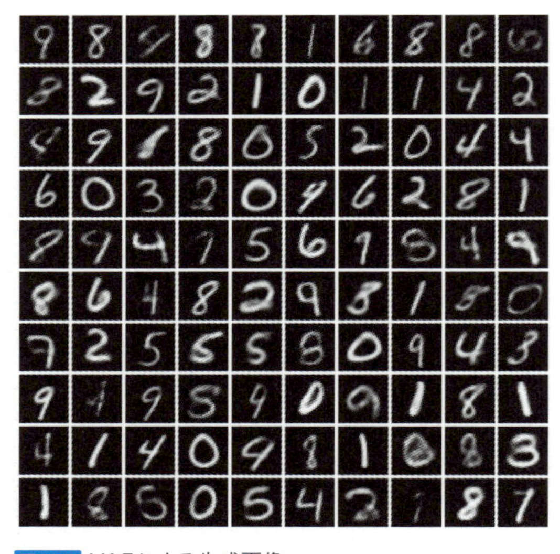

図12.5 VAEによる生成画像

出典 「Tutorial on Variational Autoencoders」（Carl Doersch、2016）、Figure 7より引用
URL https://arxiv.org/abs/1606.05908

VAEは、理論的側面も面白いため、発表以来積極的に研究されていました。しかし、ImageNetのような写真に適用しても、どうしても出力がぼやけてしまうという問題がありました。図12.5を図12.3と比較しても、少しぼやけてしまっているのがわかるかと思います。

12.2 DCGANによる画像生成

本節では、リアルな画像を生成できることで注目されたDCGANと呼ばれる手法について紹介します。

12.2.1 DCGAN

VAEの弱点を克服し、注目を集めたのが、DCGAN（Deep Convolutional Generative Adversarial Network）と呼ばれる手法です。DCGANの登場により、図12.6のように、一見写真と見間違うような画像を生成できるようになりました。

図12.6 DCGANによる生成画像

出典 「Unsupervised Representation Learning with Deep Convolutional Generative Adversarial Networks」（Alec Radford, Luke Metz, Soumith Chintala, 2015）、Figure 3より引用
URL https://arxiv.org/pdf/1511.06434.pdf

DCGANでは、第11章で解説した画風変換のように、損失関数にニューラルネットワークを利用することで、リアルな画像の生成を可能にしています（図12.7）。

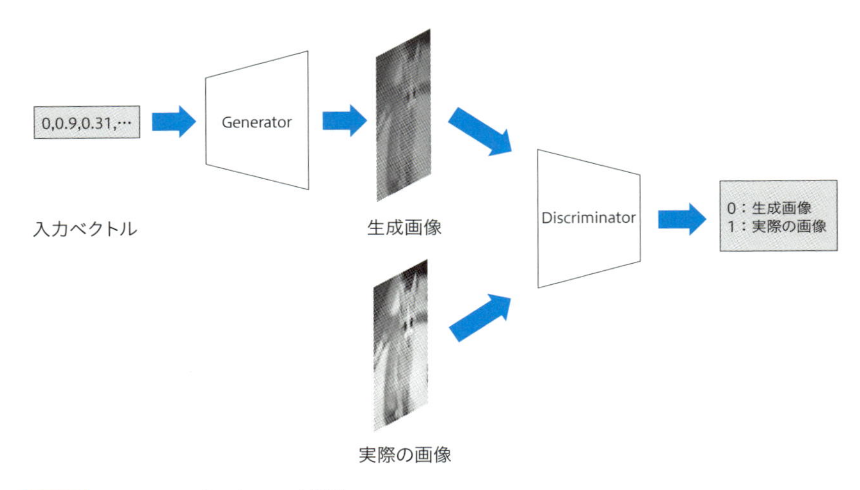

図12.7 DCGANのネットワーク構造

DCGANでは、まずGeneratorにランダムな入力を与えます。Generatorの出力（生成画像）は、「Discriminator」と呼ばれる損失の計算を担当するネットワークに入力されます。Discriminatorは、入力が生成されたものなのか実際の画像なのかを判断します。Generatorは、Discriminatorが本物と間違えてしまうような画像を生成するように学習させます。Discriminatorが十分に賢いとすれば、それを騙せるということは、本物と区別ができない画像を生成できた、と言うことができるでしょう。

それでは、Discriminatorとしてどのようなネットワークを用いればよいのでしょうか？

画風変換のときには、学習済みのVGG16を利用できましたが、Generatorの生成した画像と実際の画像を判別するような学習済みのモデルは公開されていません。また、Discriminatorが賢すぎると、GeneratorはなかなかDiscriminatorを騙すことができないため、学習が進まなくなってしまいます。逆にDiscriminatorが弱すぎると、簡単に騙せてしまうため、Generatorは賢くなる必要がなくなり、リアルな画像になりません。DCGANでは、GeneratorとDiscriminatorを交互に学習させ、強さのバランスをとり続けることで、この問題を解決しています（図12.8）。

DCGANによって、非常にリアルな画像を生成することができるようになりましたが、まだまだ課題も残っていました。まず、GeneratorとDiscriminatorの強さのバランスをとるのが難しいという問題です。DCGANでは、このバランスをとるためにいろいろな工夫をしていましたが、その分調整や理論的解析が難しく

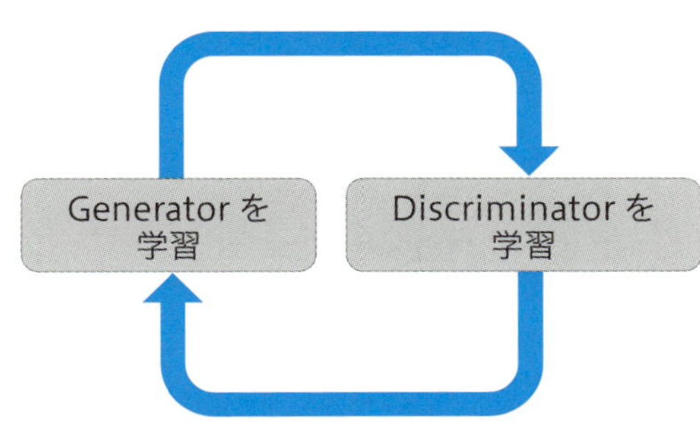

図12.8 DCGANの学習

なってしまいました。また、収束の判定が難しいという問題もあります。GeneratorがDiscriminatorを騙せるようになったとしても、それはDiscriminatorが弱すぎるだけである可能性もあるためです。

2016年以降、これらの問題について様々な研究成果が報告され、本書執筆時点（2018年3月現在）でも活発に研究されています。次節以降では、それらの研究の1つであるBEGAN（Boundary Equilibrium Generative Adversarial Networks）（図12.9）を、実装を交えながら解説します。

図12.9 BEGANによる生成画像

出典 「BEGAN: Boundary Equilibrium Generative Adversarial Networks」（David Berthelot, Thomas Schumm, Luke Metz、2017）、Figure 2より引用

URL https://arxiv.org/pdf/1703.10717.pdf

12.3 BEGAN (Boundary Equilibrium Generative Adversarial Networks)

本節では、DCGANの発展形であるBEGANの特徴を簡単に解説します。

12.3.1 BEGANの特徴

BEGANの一番の特徴は、Discriminatorに分類器ではなくCAEを使っている点です（図12.10）。

Discriminatorは、実際の画像については再構成誤差が小さくなるように学習し、Generatorによって生成された画像については、逆に再構成誤差が大きくなるように学習します。Generatorは、Discriminatorの再構成誤差が小さくなるように学習します。

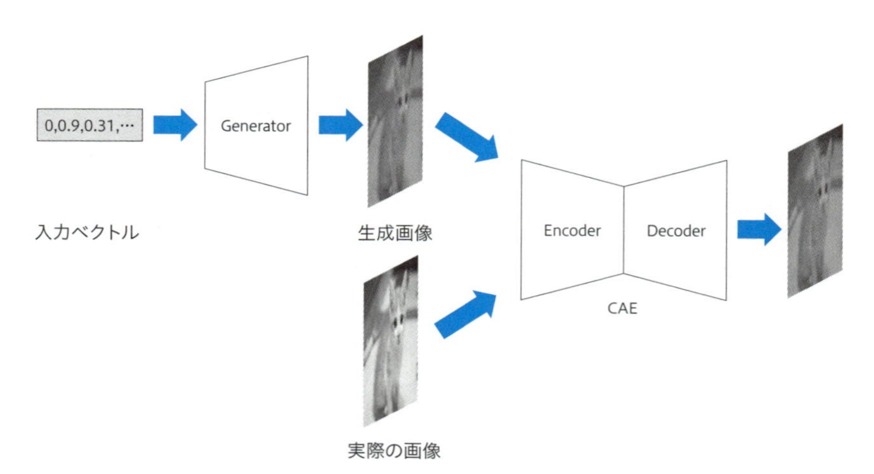

図12.10 BEGANのネットワーク構造

BEGANの論文に出てくる以下の損失関数の定義を見てみましょう。

$$\mathcal{L}_G = \mathcal{L}(G(z_G))$$
$$\mathcal{L}_D = \mathcal{L}(x) - k_t\mathcal{L}(G(z_D))$$
$$k_{t+1} = k_t + \lambda_k\left(\gamma\mathcal{L}(x) - \mathcal{L}(G(z_G))\right)$$

ここで$\mathcal{L}_D$がDiscriminatorに対する損失関数、$\mathcal{L}_G$がGeneratorに対する損失関数です。Discriminatorは$\mathcal{L}_D$が小さくなるように学習し、Generatorは$\mathcal{L}_G$が小さくなるように学習します。

xは実際の画像を、z_Dやz_GはGeneratorに入力するランダムなベクトルを表します。Discriminatorを学習させるときに使う値とGeneratorを学習させるときに使う値が違うので、添字を付けて区別しています。また、$G(\cdot)$はGeneratorの出力を、$\mathcal{L}(\cdot)$はDiscriminatorによる再構成誤差（論文では平均絶対誤差、つまり差の絶対値の平均をとったものを利用しています）を表します。

まずは$\mathcal{L}_G$から見てみましょう。$G(z_G)$がz_Gを入れたときのGeneratorの出力で、それをさらに$\mathcal{L}$に入れています。つまり、Generatorにより生成された画像をDiscriminatorに入れた際の再構成誤差を表しています。Generatorの学習では、この値が小さくなるように学習します。

次に$\mathcal{L}_D$です。xは実際の画像だったので、$\mathcal{L}(x)$は、実際の画像に対する再構成誤差を表しています。また、前述の通り$\mathcal{L}(G(z_D))$はGeneratorにより生成された画像に対する再構成誤差です。k_tは正の値で、$\mathcal{L}(x)$と$\mathcal{L}(G(z_D))$をどれくらい重視するかを表しています。

Discriminatorはこの値が小さくなるように学習するので、できるだけ$\mathcal{L}(x)$を小さくして、$\mathcal{L}(G(z_D))$を大きくしようとします。

最後にk_tを見てみましょう。こちらは少し複雑です。前述の通り、k_tは、Discriminatorを学習させる際に、実際の画像に対する再構成誤差を小さくすることと、生成画像に対する再構成誤差を大きくすることのどちらを重視するのかを表す重みでした。BEGANでは、この重みを数式に従って自動的に調整します。tはステップ数を表しています。λ_kは、k_tをどれくらいずつ更新するかを表すパラメータで、「k_tに対する学習率」です。論文では$\lambda_k = 0.001$としています。

γは、実際の画像と生成画像の再構成誤差のバランスを表すパラメータで、γが小さいほど実際のデータに含まれるデータを真似するようになり、γを大きくすると多様性のある画像を生成するようになります。論文では$\gamma = \{0.3, 0.5, 0.7\}$というパターンを使っています。$\gamma\mathcal{L}(x) > \mathcal{L}(G(z_G))$であれば$k_{t+1}$は大きくなり、Discriminatorは生成画像の再構成誤差$L(G(z_G))$を大きくすることに集中します。逆に$\gamma\mathcal{L}(x) < \mathcal{L}(G(z_G))$であれば実際の画像の再構成誤差$\mathcal{L}(x)$を小さくすることに集中するようになります。学習が進むと$\gamma\mathcal{L}(x) - \mathcal{L}(G(z_G))$はゼロに近づいていき、$k_t$は一定の値に収束していきます。各変数の意味は、表12.1にもまとめてあります。

12.3.2　BEGANの収束判定

DCGANでは難しかった収束判定ですが、BEGANでは実際の画像の再構成誤差k_tが小さいことと、k_tのところで出てきた$\gamma\mathcal{L}(x) - \mathcal{L}(G(z_G))$という量が0に近いことで判定できます。具体的には以下の数式で定義する$\mathcal{M}_{\mathrm{global}}$が0に近ければ収束したと判断することができます。

$$\mathcal{M}_{\mathrm{global}} = \mathcal{L}(x) + |\gamma\mathcal{L}(x) - \mathcal{L}(G(z_G))|$$

表12.1 BEGANにおける各変数の意味

変数	意味
$\mathcal{L}_G$	Generatorの損失関数
$\mathcal{L}_D$	Discriminatorの損失関数
$\mathcal{L}(\cdot)$	Discriminatorの再構成誤差
$G(\cdot)$	Generator（画像を生成する関数）
x	実際の画像
z_G	Generatorに入力するランダムなベクトル（Generatorの学習時）
z_D	Generatorに入力するランダムなベクトル（Discriminatorの学習時）
k_t	$\mathcal{L}(x)$と$\mathcal{L}(G(z_D))$をどれくらい重視するかの重み(自動調整)
λ_k	k_tに対する学習率（論文では$\lambda_k = 0.001$）
γ	実際の画像と生成画像の再構成誤差のバランスを表すパラメータ（論文では$\gamma = \{0.3, 0.5, 0.7\}$）

12.4 BEGANの実装

ここでは、BEGANの実装方法について解説します。

12.4.1 データの準備

それでは、実装していきましょう。

ここでは「Age and Gender Estimation of Unfiltered Faces」(Eran Eidinger, Roee Enbar, Tal Hassner、2013）という論文で利用されている顔画像のデータセットを64×64に加工したものを利用します（図12.11）。

図12.11 利用する顔画像のデータセット

出典 「Age and Gender Estimation of Unfiltered Faces」(Eran Eidinger, Roee Enbar, Tal Hassner、2013)

URL https://www.openu.ac.il/home/hassner/Adience/EidingerEnbarHassner_tifs.pdf

リスト12.1では、「data/chap12/faces」フォルダ以下に顔画像データがあるものとして、データを読み込んでいます。

リスト12.1 画像データの読み込み

In

```
DATA_DIR = 'data/chap12/'
BATCH_SIZE = 16
IMG_SHAPE = (64, 64, 3)

data_gen = ImageDataGenerator(rescale=1/255.)
train_data_generator = data_gen.flow_from_directory(
```

```
    directory=DATA_DIR,
    classes=['faces'],
    class_mode=None,
    batch_size=BATCH_SIZE,
    target_size=IMG_SHAPE[:2]
)
```

12.4.2 モデルの定義

次に、モデルを定義していきます。各種パラメータはBEGANの論文を参考に決定します（図12.12）。

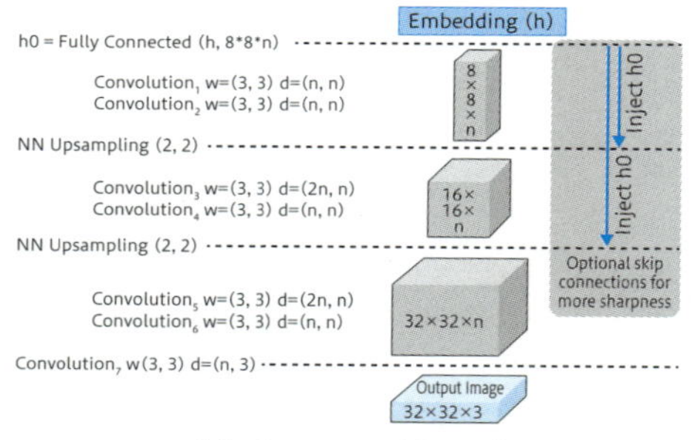

(a) Generator / Decoder

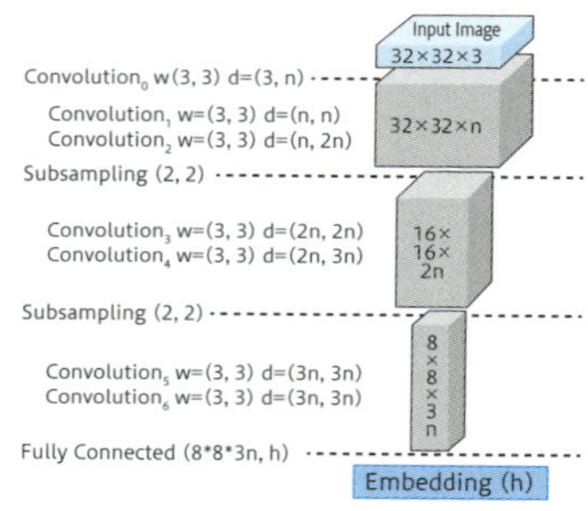

(b) Encoder

図12.12 BEGANの具体的なネットワーク構造

出典 「BEGAN: Boundary Equilibrium Generative Adversarial Networks」(David Berthelot, Thomas Schumm, Luke Metz、2017)、Figure 1より引用

URL https://arxiv.org/pdf/1703.10717.pdf

まずはEncoderです（リスト12.2）。基本的な構造は、これまで何度も出てきたものと変わりませんが、活性化関数にReLUではなく、ELUを使用し、MaxPool2Dではなくストライド2の畳み込み層を使って特徴マップのサイズを小さくしています。

BEGANに限らず、GAN系のネットワークは複雑で最適化が難しいことが多く、様々な細かい工夫がされています。理論的な根拠がある場合もありますが、試行錯誤の結果であることも多いため、まずは論文にできるだけ沿って実装をするのがよいでしょう。

リスト12.2 Encoderの定義

In

```
def build_encoder(input_shape, z_size, n_filters, ➡
n_layers):
    """Encoderを構築する

    Arguments:
        input_shape (int): 画像のshape
        z_size (int): 特徴空間の次元数
        n_filters (int): フィルタ数

    Returns:
        model (Model): Encoderモデル
    """
    model = Sequential()
    model.add(
        Conv2D(
            n_filters,
            3,
            activation='elu',
            input_shape=input_shape,
            padding='same'
        )
    )
    model.add(Conv2D(n_filters, 3, padding='same'))
    for i in range(2, n_layers + 1):
        model.add(
            Conv2D(
                i*n_filters,
                3,
                activation='elu',
                padding='same'
            )
        )
        model.add(
                Conv2D(
                i*n_filters,
                3,
                activation='elu',
                strides=2,
```

```
                padding='same'
            )
        )
    model.add(Conv2D(n_layers*n_filters, 3,
padding='same'))
    model.add(Flatten())
    model.add(Dense(z_size))

    return model
```

次にDecoderを見てみましょう（リスト12.3）。BEGANでは、GeneratorはDiscriminatorのDecoderと同じ構造のものを用いています（重みの共有はしません）。

リスト12.3 Generator/Decoderの定義

In

```
def build_decoder(output_shape, z_size, n_filters, ➡
n_layers):
    """Decoderを構築する

    Arguments:
        output_shape (np.array): 画像のshape
        z_size (int): 特徴空間の次元数
        n_filters (int): フィルタ数
        n_layers (int): レイヤー数

    Returns:
        model (Model): Decoderモデル
    """
    # UpSampling2Dで何倍に拡大されるか
    scale = 2**(n_layers - 1)
    # 最初の畳み込み層の入力サイズをscaleから逆算
    fc_shape = (
        output_shape[0]//scale,
        output_shape[1]//scale,
        n_filters
    )
    # 全結合層で必要なサイズを逆算
    fc_size = fc_shape[0]*fc_shape[1]*fc_shape[2]
```

```
model = Sequential()
# 全結合層
model.add(Dense(fc_size, input_shape=(z_size,)))
model.add(Reshape(fc_shape))

# 畳み込み層の繰り返し
for i in range(n_layers - 1):
    model.add(
        Conv2D(
            n_filters,
            3,
            activation='elu',
            padding='same'
        )
    )
    model.add(
        Conv2D(
            n_filters,
            3,
            activation='elu',
            padding='same'
        )
    )
    model.add(UpSampling2D())

# 最後の層はUpSampling2Dが不要
model.add(
    Conv2D(
        n_filters,
        3,
        activation='elu',
        padding='same'
    )
)
model.add(
    Conv2D(
        n_filters,
        3,
        activation='elu',
```

```
                padding='same'
            )
        )
    # 出力層で3チャンネルに
    model.add(Conv2D(3, 3, padding='same'))

    return model
```

リスト12.2とリスト12.3を利用して、GeneratorとDiscriminatorを構築します。Generatorは、Decoderそのものなので、リスト12.4のように定義できます。

リスト12.4 Generatorの定義

In

```
def build_generator(img_shape, z_size, n_filters, ➡
n_layers):
    decoder = build_decoder(
        img_shape, z_size, n_filters, n_layers
    )
    return decoder
```

一方、Discriminatorは、リスト12.5のようにEncoderとDecoderを組み合わせて構築できます。

リスト12.5 Discriminatorの定義

In

```
def build_discriminator(img_shape, z_size, n_filters, ➡
n_layers):
    encoder = build_encoder(
        img_shape, z_size, n_filters, n_layers
    )
    decoder = build_decoder(
        img_shape, z_size, n_filters, n_layers
    )
    return Sequential((encoder, decoder))
```

最後に、Discriminatorの学習用のネットワークを構築します（リスト12.6）。図12.13にあるように、Discriminatorには生成画像と実際の画像の2種類の入力があります。また、損失関数の定義からわかる通り、それぞれの出力をk_tの重みで足し合わせなければいけません。そこで、入出力がそれぞれ2つになるように、Discriminatorに細工をしています。

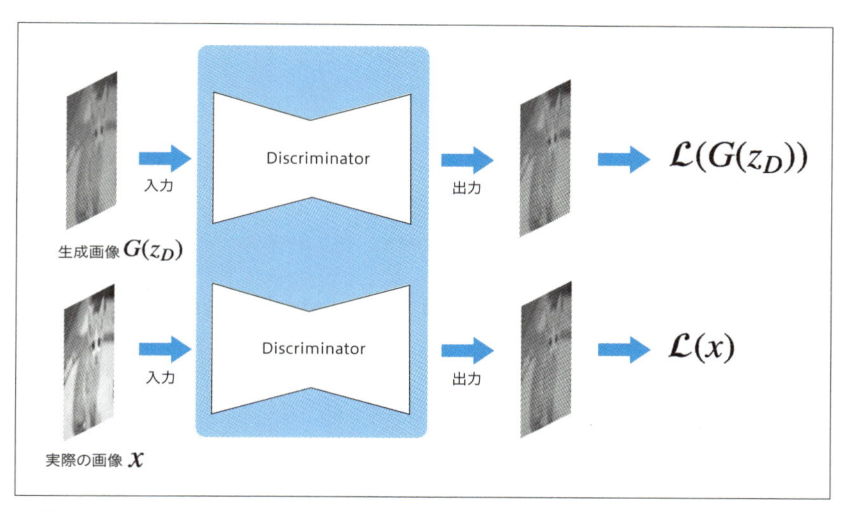

図12.13 Discriminatorの2種類の入力と出力

リスト12.6 Discriminatorの学習用のネットワーク

In

```
def build_discriminator_trainer(discriminator):
    img_shape = discriminator.input_shape[1:]
    real_inputs = Input(img_shape)
    fake_inputs = Input(img_shape)
    real_outputs = discriminator(real_inputs)
    fake_outputs = discriminator(fake_inputs)

    return Model(
        inputs=[real_inputs, fake_inputs],
        outputs=[real_outputs, fake_outputs]
    )
```

ここまででネットワークの定義関数ができたので、実際にこのネットワークを構築してみます（リスト12.7）。

リスト12.7 ネットワークの構築

In

```
n_filters = 64  #  フィルタ数
n_layers = 4 # レイヤー数
z_size = 32  #  特徴空間の次元

generator = build_generator(
    IMG_SHAPE, z_size, n_filters, n_layers
)
discriminator = build_discriminator(
    IMG_SHAPE, z_size, n_filters, n_layers
)
discriminator_trainer = build_discriminator_trainer(
    discriminator
)

generator.summary()
# discriminator.layers[1]が Decoder を表す
discriminator.layers[1].summary()
```

Out

```
_________________________________________________________________
Layer (type)                 Output Shape              Param #
=================================================================
dense_1 (Dense)              (None, 4096)              135168
_________________________________________________________________
reshape_1 (Reshape)          (None, 8, 8, 64)          0
_________________________________________________________________
conv2d_1 (Conv2D)            (None, 8, 8, 64)          36928
_________________________________________________________________
conv2d_2 (Conv2D)            (None, 8, 8, 64)          36928
_________________________________________________________________
up_sampling2d_1 (UpSampling2 (None, 16, 16, 64)        0
_________________________________________________________________
conv2d_3 (Conv2D)            (None, 16, 16, 64)        36928
_________________________________________________________________
conv2d_4 (Conv2D)            (None, 16, 16, 64)        36928
_________________________________________________________________
```

```
up_sampling2d_2 (UpSampling2 (None, 32, 32, 64)        0
_________________________________________________________________
conv2d_5 (Conv2D)            (None, 32, 32, 64)        36928
_________________________________________________________________
conv2d_6 (Conv2D)            (None, 32, 32, 64)        36928
_________________________________________________________________
up_sampling2d_3 (UpSampling2 (None, 64, 64, 64)        0
_________________________________________________________________
conv2d_7 (Conv2D)            (None, 64, 64, 64)        36928
_________________________________________________________________
conv2d_8 (Conv2D)            (None, 64, 64, 64)        36928
_________________________________________________________________
conv2d_9 (Conv2D)            (None, 64, 64, 3)         1731
=================================================================
Total params: 432,323
Trainable params: 432,323
Non-trainable params: 0
_________________________________________________________________
_________________________________________________________________
Layer (type)                 Output Shape              Param #
=================================================================
dense_3 (Dense)              (None, 4096)              135168
_________________________________________________________________
reshape_2 (Reshape)          (None, 8, 8, 64)          0
_________________________________________________________________
conv2d_19 (Conv2D)           (None, 8, 8, 64)          36928
_________________________________________________________________
conv2d_20 (Conv2D)           (None, 8, 8, 64)          36928
_________________________________________________________________
up_sampling2d_4 (UpSampling2 (None, 16, 16, 64)        0
_________________________________________________________________
conv2d_21 (Conv2D)           (None, 16, 16, 64)        36928
_________________________________________________________________
conv2d_22 (Conv2D)           (None, 16, 16, 64)        36928
_________________________________________________________________
up_sampling2d_5 (UpSampling2 (None, 32, 32, 64)        0
_________________________________________________________________
conv2d_23 (Conv2D)           (None, 32, 32, 64)        36928
_________________________________________________________________
```

```
conv2d_24 (Conv2D)           (None, 32, 32, 64)        36928
_________________________________________________________________
up_sampling2d_6 (UpSampling2 (None, 64, 64, 64)        0
_________________________________________________________________
conv2d_25 (Conv2D)           (None, 64, 64, 64)        36928
_________________________________________________________________
conv2d_26 (Conv2D)           (None, 64, 64, 64)        36928
_________________________________________________________________
conv2d_27 (Conv2D)           (None, 64, 64, 3)         1731
=================================================================
Total params: 432,323
Trainable params: 432,323
Non-trainable params: 0
_________________________________________________________________
```

12.4.3　損失関数の定義とモデルのコンパイル

次に損失関数を定義します（リスト12.8）。前述の通り、Generatorの損失関数は、Discriminatorの再構成誤差を出力します。特に正解ラベルがあるわけではないので、y_trueは無視します。

リスト12.8 損失関数の定義

In

```
from tensorflow.python.keras.losses import mean_➡
absolute_error


def build_generator_loss(discriminator):
    # discriminator を使って損失関数を定義
    def loss(y_true, y_pred):
        # y_true はダミー
        reconst = discriminator(y_pred)
        return mean_absolute_error(
            reconst,
            y_pred
        )
    return loss
```

この損失関数を利用して、generatorをコンパイルします（リスト12.9）。

リスト12.9 generatorのコンパイル

In

```
# 初期の学習率(Generator)
g_lr = 0.0001

generator_loss = build_generator_loss(discriminator)
generator.compile(
    loss=generator_loss,
    optimizer=Adam(g_lr)
)
```

次にdiscriminatorですが、学習には前述のdiscriminator_trainerを用います（リスト12.10）。

discriminator_trainerは出力が2つあるため、損失関数は2つのリストになっていて、それぞれの重みをloss_weightsで指定しています。

リスト12.10 discriminatorのコンパイル

In

```
# 初期の学習率(Discriminator)
d_lr = 0.0001

# k_varは数値(普通の変数)
k_var = 0.0
# k はKeras(TensorFlow)のVariable
k = K.variable(k_var)
discriminator_trainer.compile(
    loss=[
        mean_absolute_error,
        mean_absolute_error
    ],
    loss_weights=[1., -k],
    optimizer=Adam(d_lr)
)
```

k = K.variable(k_var)の部分が見慣れないかもしれません。11.3節で触れた通り、loss_weightsは動的に更新する必要があります。そのため、単なる変数ではなく、TensorFlow(Keras)のVariableを重みに指定し、学習中に更新できるようにしています。

最後に、収束判定用の関数も定義しておきましょう（リスト12.11）。この関数を学習時に指定することで、きちんと収束に向かっているか確認することができます。

リスト12.11 収束判定用の関数定義

In

```
def measure(real_loss, fake_loss, gamma):
    return real_loss + np.abs(gamma*real_loss - fake_loss)
```

12.4.4　学習

それでは、学習のコードを見ていきましょう（リスト12.12）。

リスト12.12 学習のコード

In

```
# kの更新に利用するパラメータ
GAMMA = 0.5
LR_K = 0.001

# 繰り返し数。100000〜1000000程度を指定
TOTAL_STEPS = 100000

# モデルや確認用の生成画像を保存するディレクトリ
MODEL_SAVE_DIR = 'began_s/models'
IMG_SAVE_DIR = 'began_s/imgs'
# 確認用に5x5個の画像を生成する
IMG_SAMPLE_SHAPE = (5, 5)
N_IMG_SAMPLES = np.prod(IMG_SAMPLE_SHAPE)


# 保存先がなければ作成
os.makedirs(MODEL_SAVE_DIR, exist_ok=True)
os.makedirs(IMG_SAVE_DIR, exist_ok=True)
```

```
# サンプル画像用のランダムシード
sample_seeds = np.random.uniform(
    -1, 1, (N_IMG_SAMPLES, z_size)
)

history = []
logs = []

for step, batch in enumerate(train_data_generator):
    # サンプル数がBATCH_SIZEに満たない場合はスキップ
    # 全体の画像枚数がBATCH_SIZEの倍数でない場合に発生
    if len(batch) < BATCH_SIZE:
        continue

    # 学習終了
    if step > TOTAL_STEPS:
        break

    # ランダムな値を生成                      ─┐
    z_g = np.random.uniform(                    │
        -1, 1, (BATCH_SIZE, z_size)             │
    )                                           ├❶
    z_d = np.random.uniform(                    │
        -1, 1, (BATCH_SIZE, z_size)             │
    )                                          ─┘

    # 生成画像(discriminatorの学習に利用)      ─┐
    g_pred = generator.predict(z_d)            ─┴❷

    # generatorを1ステップ分学習させる        ─┐
    generator.train_on_batch(z_g, batch)       ─┴❸
    # discriminatorを1ステップ分学習させる    ─┐
    _, real_loss, fake_loss = discriminator_➡  │
trainer.train_on_batch(                         ├❹
            [batch, g_pred],                    │
            [batch, g_pred]                     │
    )                                          ─┘
```

```
# k を更新
k_var += LR_K*(GAMMA*real_loss - fake_loss)
K.set_value(k, k_var)


# g_measure を計算するためにlossを保存
history.append({
    'real_loss': real_loss,
    'fake_loss': fake_loss
})

# 1000回に1度ログを表示
if step%1000 == 0:
    # 過去1000回分の measure を平均
    measurement = np.mean([
        measure(
            loss['real_loss'],
            loss['fake_loss'],
            GAMMA
        )
        for loss in history[-1000:]
    ])

    logs.append({
        'k': K.get_value(k),
        'measure': measurement,
        'real_loss': real_loss,
        'fake_loss': fake_loss
    })
    print(logs[-1])

    # 画像を保存
    img_path = '{}/generated_{}.png'.format(
        IMG_SAVE_DIR,
        step
    )
    save_imgs(
        img_path,
        generator.predict(sample_seeds),
```
❺

```
                rows=IMG_SAMPLE_SHAPE[0],
                cols=IMG_SAMPLE_SHAPE[1]
            )
            # 最新のモデルを保存
            generator.save('{}/generator_{}.hd5'.➡
format(MODEL_SAVE_DIR, step))
            discriminator.save('{}/discriminator_{}.hd5'.➡
format(MODEL_SAVE_DIR, step))
```

まず、リスト12.12❶で、ランダムな値を生成していますが、これは12.3節で触れたz_Gとz_Dに対応しています。

次に、discriminatorの学習時に生成画像が必要なので、リスト12.12❷でgeneratorを使って画像を生成させています。

リスト12.12❸では、z_Gを使ってgeneratorを1ステップ分学習させており、リスト12.12❹でdiscriminatorを学習させています。

これまでと違い、2つのネットワークを交互に学習させなければいけないため、fitメソッドやfit_generatorメソッドは用いていません。

最後にkの更新です。リスト12.12❺では、12.3節の数式通りにk_varを更新し、K.set_valueメソッドを利用してTensorFlowのVariableであるkを更新しています。

このループを100,000回ほど回した結果が図12.14です。きちんと人間の顔の画像が生成されているのがわかります。

図12.14 ループを100,000回ほど実行した画像

12.5 まとめ

本章で解説した内容をまとめました。

12.5.1 画像生成とBEGANについて

本章では、画像生成の基本を押さえ、本書執筆時点（2018年3月時点）で最新の手法であるBEGANを紹介しました。BEGANは、DiscriminatorにCAEを利用しているのが特徴で、収束判定ができるなどDCGANにはない性質を持っています。

ここでは、単純な画像生成の方法だけを紹介しましたが、GAN系の研究は様々な広がりを見せています。条件を入れることができるようなConditional GAN MEMO参照、画像生成ではなく画像変換に利用したpix2pix MEMO参照やCycleGAN MEMO参照、画像以外への適用としてSeqGAN MEMO参照などもあります。

実装が公開されているものも多くありますので、ぜひ参照してください。

MEMO

Conditional GAN

通常のGANでは、ランダムな数値から画像を生成するため、生成される画像を制御することができない。Conditional GANでは、GeneratorやDiscriminatorの入力に、条件を指定するラベルを追加することで、生成される画像の制御を可能としている。

MEMO

pix2pix

2016年に提案された手法で、画像生成ではなく、画像変換にGANを利用しており、非常に精度の高い変換を実現している。第1章で取り上げた線画からの画像生成などはこの手法によるもの。

CycleGAN

pix2pixは、学習の際に入力画像と出力画像のペアが必要な、いわゆる教師あり学習であったが、CycleGANでは、cycle consistency lossと呼ばれる損失関数を用いることで、入力画像と出力画像のペアなしに、画像変換ができるようになった。

SeqGAN

SeqGAN登場以前は、GANは主に画像のみを対象としていた。SeqGANでは、強化学習的な手法を取り入れることにより、自然言語のような、離散的な系列データにGANを適用させた。

INDEX

A/B/C

D/E/F

G/H/I

J/K/L

M/N/O

Q/R/S

T/U/V

W/X/Y/Z

あ

か

PROFILE

著者プロフィール

太田満久（おおた・みつひさ）

1983年東京都生まれ。名古屋育ち。京都大学基礎物理学研究所にて素粒子論を専攻し、2010年に博士号を取得。同年データ分析専業のブレインパッド社に新卒として入社。入社後は数学的なバックグラウンドを活かし、自然言語処理エンジンやレコメンドアルゴリズムの開発を担当。現在は最新技術の調査・検証を担当。TensorFlow User Group Tokyoオーガナイザ。Google Developer Expert（Machine Learning）。日本ディープラーニング協会試験委員。
監訳書に『コマンドラインではじめるデータサイエンス』（オライリー・ジャパン）、著書に『TensorFlow活用ガイド』（共著、技術評論社）がある。

須藤広大（すどう・こうだい）

1991年神奈川県生まれ。1年間の世界放浪のあと、奈良先端科学技術大学院大学で自然言語処理学を専攻し、情報工学修士を取得。
新卒でブレインパッド社に入社し、機械学習エンジニアとして、深層学習に関連した分析・開発案件に携わる。

黒澤匠雅（くろさわ・たくま）

2017年、データ分析専業のブレインパッド社に新卒として入社。
2018年、東京理科大学大学院にて博士号を取得。

小田大輔（おだ・だいすけ）

1980年福岡県生まれ。九州芸術工科大学音響設計学科卒業後、ゲーム制作会社にて楽曲・コンテンツ制作からゲームプログラミングまで幅広い業務担当を経て、ブレインパッド社に入社。
マーケティングやデータ・コンサルティングを始めとする数多くの分析プロジェクトに従事したあと、現在は主にAI関連技術のプロジェクトへの応用・調査を担当。

装丁・本文デザイン	大下 賢一郎
装丁写真	bpalmer/E+/Getty Images
DTP	株式会社シンクス
編集協力	佐藤弘文
レビュー協力	武田守

現場で使える! TensorFlow(テンソルフロー)開発入門
Keras(ケラス)による深層学習モデル構築手法

2018年 4月19日　初版第1刷発行

著　者	太田満久（おおた・みつひさ）、須藤広大（すどう・こうだい）、黒澤匠雅（くろさわ・たくま）、小田大輔（おだ・だいすけ）
発行人	佐々木幹夫
発行所	株式会社翔泳社（http://www.shoeisha.co.jp）
印刷・製本	株式会社ワコープラネット

ISBN978-4-7981-5412-1
Printed in Japan